中华粮食文化教育读本

# 解字說糧

## 汉字中的粮食文化

崔志远◎著

中国轻工业出版社

# 序

粮食是人类生存和社会繁衍生息最基本的物质。在百万年的人类史、一万年的文化史、五千多年的文明史中，粮食始终处于不可或缺的地位。沧海桑田，粮继大业。中华粮食文化悠久绵长、博大精深，既是中华优秀传统文化的有机组成部分，又在现代文明建设中焕发出新的勃勃生机。

自古以来，“民以食为天”的粮食信仰、“贵粟重储、积谷防饥”的治国方略、“耕三余一、平粜齐物、以丰补歉”的储备思想、“不违农时、颗粒归仓”的劳动智慧、“宁流千滴汗不坏一粒粮”的奉献精神、“一粥一饭当思来之不易”的节俭美德，共同构成了中华粮食文化的丰富内涵，代代流传，绵延不绝，滋养着华夏土地上的每一个心灵。岁月不居，春耕冬藏，根植于中华民族千百年生产生活中的粮食文化，充分彰显了中华文明的连续性、创新性、统一性、包容性、和平性等突出特性，具有世界范围的文明价值。

我国最早的诗歌总集《诗经》里就有“不能艺黍稷，父母何食”的诗句。意思是说，如果不能劳苦耕作种植五谷粮食，家中的父母儿女何以为食。深入研究挖掘解读中国历史上有关描写粮食生产、劳作、储备、节约的文字，对于弘扬粮食文化具有独特的意义，也非常有助于当代中国社会理解和传承这些优秀文化。

2023年9月，我因工作关系，到位于黄海之滨的山东烟台市出差。在山东商务职业学院校园的青年湖畔，崔志远老师向我讲述他对中华粮食文化的研究心得，视角独特，见解深刻，娓娓道来，引人入胜。他多年来致力于粮食文化的研究和传播，身上流淌的浓浓粮食情怀给我留下了深刻印象。

志远老师注重挖掘和梳理粮食文化相关古典文献，从汉字、古诗和古文的角度来解读中华粮食文化，精心研究编写《解字说粮：汉字中的粮食文化》《咏诗诵粮：古诗中的粮食文化》《品文论粮：古文中的粮食文化》三部著作，系统展现我国传统社会粮食制度、思想、礼仪、风俗习惯等内容，还阐发自己对粮食的思考与感悟。他通过选取与粮食相关的诗词名句、古籍文章以及古文字，追根溯源，旁征博引，勾勒出鲜活的历史场景，讲述了一个个生动的粮食故事。这些成果角度新颖、内容丰富、生动活泼、自成体系，具有很好的创新性、思想性和可读性，是对中华粮食文化研究传播的有益探索，很有价值。欣闻三部作品拟作为“中华粮食文化教育读本”系列陆续出版，我感到由衷高兴，表示热烈祝贺！

志远老师所服务的山东商务职业学院是国家粮食安全宣传教育基地。我们漫步在校园里，可以看到到处是精心陈设的弘扬粮食文化的雕塑群、文化墙和主题公园，能够感受到学校特色粮食课程和粮食主题校园活动的浓厚文化氛围，彰显着该校“因粮而生、为粮而办、向粮而进”的文化基因。

追溯山东商务职业学院的历史，1975 年成立的山东省烟台粮食学校正是她的母本。该校一直致力于粮食人才的培养和粮食文化的研究传播，校友逾十万，服务于齐鲁大地和全国各地粮食战线，可谓“桃李满天下，春晖遍四方”。在这样一所有着优良传统的学校里，学习生活着一大批为传承粮食文化和粮食储藏检验加工等技艺而孜孜以求、躬耕不辍的师生。我们相信：未来这里将走出更多技术能手、大国工匠，他们都将成为守住、管好“天下粮仓”的国家栋梁。

“喜看稻菽千层浪，遍地英雄下夕烟。”希望系列读本能够成为一张文化名片，让更多人了解广博深厚的中华粮食文化和蓬勃发展的粮食职业教育，汇聚起更多更大的合力，共同为保障国家粮食安全、推进强国建设贡献智慧和力量。

是为序。

李福君

2024 年 9 月 5 日

# 前言 种子的力量

春种一粒粟，秋收万颗子。种子是天地的精华，也是生命的希望，它存在的意义就是成长。无论外面是阳光雨露还是狂风冰霜，不管地下是沃土肥壤还是盐碱蛮荒，种子都在努力地汲取养分、积蓄力量。待到时机成熟，它会深植根系，破土而出，大有凌云之志、追日之势。

经春历夏，抽芽拔茎，这是一个痛苦而漫长的过程，更是一个需要忍耐和满怀期望的过程。当树梢落下第一片叶子的时候，秋风悄然而来，种子此时也已长成绵延的“金田”，不久，田野里会充溢着人们丰收的喜悦，也将孕育出偌大的人类社会，散发出灿烂的文明之光。

## 一

文字，就是人类文明的一粒种子，是千万年凝聚而成的智慧结晶。古书上记载，当仓颉造出第一个汉字的时候，“天雨粟，鬼夜哭”（《淮南子·本经训》）。有了字，人们也就拥有了记录生活、总结思想的工具，就找到了加强交流、拓宽联系的媒介，就掌握了发展文化、通往文明的秘诀。对于人类而言，这粒文明种子的重要性，绝不亚于埋于土里的粮食种子，因为它的茁壮成长，会使人们持续地积累、理性地生活，更能让人们与天地并存、和日月同光。这时，上天奖励人们的智慧，下起了粮食雨；鬼神因在人前失去了神秘感，而失落至哭泣——文字的威力可见一斑。

在世界文字的田地里，汉字是最具生命力的，几乎涵盖了中华文化的全部过程。与汉字相伴而生的古埃及象形文、古希腊线形文、古巴比伦楔形文等，如今几乎无法辨识，而它们所记录的文明也随着人们疑惑的目光而断裂湮没……今天，汉字却依然鲜活，不仅从未死亡，而且脚步走得越来越远，遍布世界各地。这种起源于5000年前的古老文字，从最初的刻画符号，到甲骨文、金文、篆书、隶书、草书、楷书、行书等，一步步演变为如今我们看到的汉字形态，发展过程虽然经历过低落、荒凉甚至是危机，但它总能在紧要关头把种子播撒下去，延续了宝贵的基因，使得中华文化“野火烧不尽，春风吹又生”。汉字的发展，正如种子的生长：由字合成词，由词连成句，由句构成段，由段形成章，由章编成无数抒情、载道、纪事的宏文，结出了丰硕的精神食粮，养育了世世代代的中华儿女。想必外国友人会羡慕我们：一名普通的小学生就能背得出1000多年前诗仙李白那脍炙人口的思乡诗句，也能读得懂2000多年前至圣先师孔子的谆谆教导，还能看得出4000多年前甲骨片上刻画的象形文字符号……这不在于中国孩子有多么聪明，而是在于汉字千百年来一直存活、发展、沿用。

汉字是人们生活场景的抽象性呈现，也是人们实践经验的符号化表达。在农耕社会里，人的生活以农业生产为基础，那么自然会有很多汉字直接起源自田间劳作中，反映在谷物加工上，发展于粮食流通间，体现到饮食风俗里。粮食文化的种子，借助汉字的载体而得到更广泛的传承和发扬，培植至今，蔚为大观；汉字文化的种子，依靠粮食的普及而得到更持久的留存和推广，演化至今，辉煌灿烂。当这两粒种子在文化的土壤里扎深了根，连成了片，吐出了穗，结出了籽，那么中华文化的良田必定是五谷丰登的宝地。

## 二

在这块宝地上，我们炎黄子孙已经生活了很久：祖先摆脱了荒蛮，圣人引领了文明，先贤传承了文化，人民创造了历史。在这跌宕起伏的历史大潮里，粮食对社稷的稳定、百姓的福祉起到了决定性的作用，成为最重要的战略物资。无数经验和教训都告诫我们：万事纷杂，吃饭为大，守住粮食，天下太平。这广袤的国土历经千年的沉淀，已经孕育出璀璨独特的中国粮食文化。

如今，发展的车轮已经驶入了新时代，我们的田地空前开阔，阳光格外温煦，土壤无比肥沃，朋友更加广泛。但是，我们的粮食也时刻面临着狂风暴雨的摧残、恶禽害虫的侵袭，时刻面临着灾祸歉收的打击、凶年绝产的隐患，还时刻面临着自己懈怠的风险和坏人的捣乱……中国人要把饭碗端在自己手里，碗里的粮必须是中国的优质粮，这是我们安身立命的前提，马虎不得，松懈不得。因此，居安思危，警钟长鸣，坚守“粮安天下”战略是安邦定国的基本保证；稳步改革，波澜不惊，持续发展粮食事业是富民强国的必由之路。

## 三

路是人走出来的，人是应该进步的。当前，粮食产业的融合化发展、粮食储备的制度化建设、粮食贸易的国际化合作、粮食工程的智能化支撑，都需要有大批高素质的人才来推动。人才是国家实力的代表，是事业发展的根基，是兴粮强粮的关键，也是决定未来的种子。全社会都有责任为培养人才而共同努力，更有必要营造出人人懂粮、爱粮、惜粮的时代风尚。而这些工作的第一步，就是开展粮食教育。

粮食教育，我国自古就有。古书上有大量记载，比如“神农教耕生谷，以致利民”（《管子·形势解》）；“后稷教民稼穑，树艺五谷”（《孟子·滕文公上》）；“米廪，有虞氏之庠”（《礼记·明堂位》）。可见，粮食教育是随着生产实践而起源的，是为了解决实际问题而发展的，并且起初的教学形式就是在“米廪”（粮仓）里的现场教学。经过千百年的延续，我国粮食教育在近代受到西方科学民主思想的推动，开始走向实业专科教育；在新中国成立以后，全国各地相继成立粮食学校，开展粮食教育，服务粮食事业，为促进经济发展做出了巨大贡献。



20世纪70年代中后期，国家在原有农业发展成果的基础上，探索新路，大力推动粮食改革开放，对粮食人才的需求更加急切。笔者所在的山东商务职业学院，就在此时应运而生。1975年，为落实山东省粮食发展战略，山东省烟台粮食学校成立，这就是山东商务职业学院的前身。近50年来，学校始终坚持粮食办学特色，先后培养了10万余名粮食专门人才，为全省乃至全国粮食行业提供了有力的人才支持。

## 四

受到山东商务职业学院的教育和感染，在这里学习、工作和生活的“粮食人”更能感受到中国粮食文化的博大精深。教育是需要世代接力的，文化是需要薪火相传的，我们继承前辈的优良传统，以各自不同的方式来诠释粮食文化，力争为粮食教育事业尽绵薄之力。这本小书，是笔者从汉字的视角来观察粮食文化的一个尝试。通过从粮食生产、加工、流通和风俗等方面择取的100个常见汉字，以解析汉字古今字形、字义为切入点，介绍汉字中所蕴含的粮食文化知识和典故，并提炼、阐发出个人的感悟和哲思。希望这本小书能对广大同行和学生有一定启发意义；也希望可以起到抛砖引玉的作用，借此聆听各界的宝贵意见和建议；更希望我们能共同为粮食文化留下斑斓多彩的“嘉种”，精心呵护它们，期待焕发出其中蕴藏的巨大力量，为中华文化培育出一派大丰收的景象。

一代人有一代人的使命，我们这代人面临着前所未有的机遇和挑战，拥有着前所未有的优势和短板，经历着前所未有的剧变和危险，也展望着前所未有的前景和未知。我们每个人，都是祖国的一粒种子，都要肩负起承上启下的重任，继往开来，改革创新，用自己的实际行动推动中华民族伟大复兴！

这片土地，未来可期！

崔志远

目录

# 粮之生

## 粮食种植

# 生

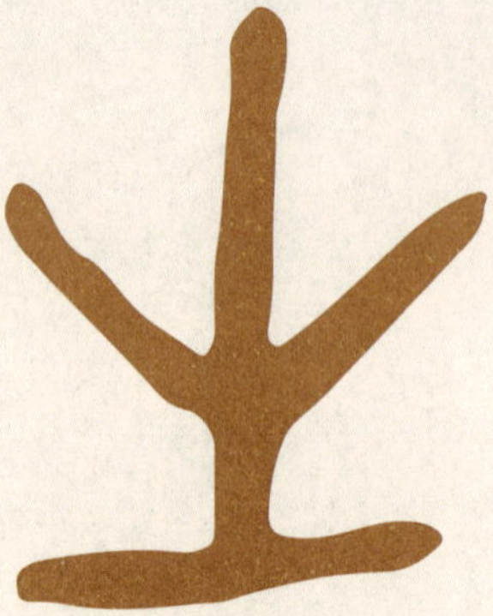

（甲骨文）

趣写古汉字

**在天地，则气化流行，生生不息。**

——清·戴震《孟子字义疏证》（节选）

“生”，是一个象形字，《说文解字》解释为“象草木生出土上”。从甲骨文字形可以看出，它描绘的正是一株植物幼苗破土而出的情景。

汉字的造字方法，古有“六书”一说。本书涉及的常用方法有“象形”，即汉字是对事物图画性、抽象性的描绘；以及“形声”，即汉字是由表示字义和字音的两部分构成。

天道自然，四季轮回，植物的枯荣本是寻常之事。然而在很久以前某一个春天的清晨，我们的祖先突然发现了曾经撒下种子的地方，萌发出青嫩光洁的小芽，从此以后，人类的命运便不再平凡。

远古时期，宇宙混沌一体，万物自由生长。人类与其他动物、植物本无两样，都是天地孕育的自然生命体。受到客观环境的影响以及自身能力的局限，人类长期处于原始蒙昧的状态，生活基本是“听天由命”。为了延续生命，起初祖先们依靠采撷狩猎为生，“食草木之实、鸟兽之肉，饮其血，茹其毛”（《礼记·礼运》）。这样的生活方式对自然环境的依赖性太大，人类对自己的命运没有很多自主权，每天外出觅食，更多是在碰运气，“饥不择食”的情况非常普遍。

## 粮语

《易经·系辞下》：『天地之大德，曰「生」。』『生』，带给人们生存的希望，成为人们生活的动力。无论时代发展到何种地步，在大自然的洪力面前，人类永远是渺小的。即便遇到困难和挫折，只要我们心中有对『生』的希望，眼前能有那一缕嫩绿色的光，脚下能为追求而一往直前，那我们就注定伟大。

不过，在长时间的原始生活中，祖先们通过观察自然现象而逐步增进了对环境的认识，也了解了部分动植物的生长习性与规律，这为人类改变生活方式积累了初步经验。为了摆脱采撷狩猎这种流动而不稳定的生活状态，祖先们开始尝试驯服圈养捕获回来的猛兽，尝试种植平日收集的植物种子，他们希望能通过自己的努力创造和掌握一种全新的生活方式。这个过程是极其艰难的，也是旷日持久的，无异于一场未卜生死的无尽战斗。毕竟那时人类在天地万物中显得那么微不足道。在远远超出自身能力范围的生存压力和挑战面前，人类能做的就是祖祖辈辈无穷的坚持和等待……

就在那个春天的清晨，有一缕阳光投射到我们祖先反复耕耘的黑土地上，这次土壤之下与往常大不一样——绽露出了嫩绿的生命之光。这一道光，照亮了此后人类近万年的农耕文明，翻开了人类全新的历史篇章。从此，我们的祖先过上了“日出而作，日落而息”的安稳生活，身心素质明显改善，经济基础得到加强，社会结构不断丰富，科技文化日益进步，开创了人类独有的灿烂文明，逐步成为点亮混沌世界的“万物之灵”。

原粮

# 禾

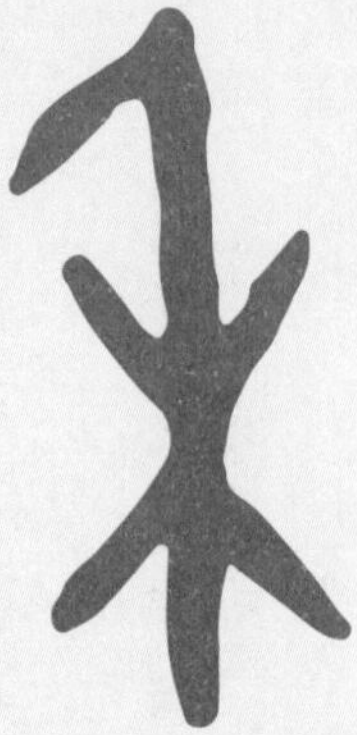

（甲骨文）

趣写古汉字

锄禾日当午，汗滴禾下土。

——唐·李绅《悯农》（节选）

“禾”，是一个象形字，描绘的是一株植物伫立田间的样子。顶端是垂下的禾穗，中间是挺立的禾叶，下端既像耷拉的叶子，又像植物的根茎。禾字泛指的是一个植物类别，即“禾本科”植物，其中有不少是重要的粮食作物。从汉字构造上看，与此类植物相关的事物，通常是“禾”字旁，比如“稻”“黍”等。

《说文解字》：“禾，嘉谷也。二月始生，八月而熟，得时之中，故谓之禾。”意思是：禾，是上乘的植物，在农历二月出土，到八月便成熟。在此期间，其生长顺应时节，符合规律，恰当适度，所以就能成为很好的粮食作物。人们通过播种耕耘，使禾在春季发芽，又通过精心打理使其在秋季结穗。有了前期付出，又有了预期收获，在这样一个过程中，人们实现了对食物来源的掌控。这是农耕生活与采猎生活最大的不同，也是祖先们长年累月沉淀下的生存技能和生活智慧。其中，“得时之中”格外重要，它反映出先人能恰当把握和运用农时，很能代表中国传统哲学的核心要义。

“中庸之道”，是儒家的哲学主张，也是中华儿女为人处世的哲学追求。“中庸”可以理解为做事适度恰当、不偏颇，其起源与农业生产不无

## 粮语

『和』，也可以写作『龢（hé）』。不管这个字指的是言语上的中听喜悦（『口』代表语言），还是指乐调上的协调一致（『龠』（yuè），乐器），都与『禾』字中蕴含的『中庸』有极大关系。在自然界中，能够做到『得时之中』，就会创造风调雨顺的气象；在人类社会中，能够遵循『中庸之道』，就会构建健康文明的和谐社会。

稻谷植株

关系。植物的生长，尤其是大规模农耕生产，当然离不开人工的介入，但最重要的因素还是自然环境。如果人们异想天开，违反了农时，违背了自然规律，那就无法保障植物的茁壮生长。对待农耕劳作，我们当然要行“中庸之道”，不可早、不可迟、不可过、不可无，用正确的方式为植物生长助力。“揠苗助长”的例子，我们家喻户晓，是典型的违反“中庸之道”的行为。

本质上，“中庸”就是在恰当的时间、恰当的地点，做恰当的事情，最终，得到的结果可能就是恰当的、令人满意的，是“嘉”的。从这个意义上讲，一株“嘉谷”的生长过程，正暗合了我们“中庸之道”的行事法则，也浓缩了我们对美好生活的理想追求。

# 谷

（小篆）

趣写古汉字

时人不识农家苦，将谓田中榖自生。

——唐·颜仁郁《农家诗》（节选）

“谷”，当作“谷物”含义讲的时候，实际上是“榖（gǔ）”字的简化字。“谷”的本义是指山谷，其字形生动展现出山岭间的低洼之地，与“谷物、粮食”没有关系。只不过“榖”字笔画较多，不易书写，后来汉字简化时便被同音字“谷”取代了。这样，“谷”字就有了“山谷”和“谷物”两个含义。

“榖”是个形声字，由“禾”和“㱿”组成。字义用“禾”表示，说明这个字与禾类植物有关；而读音用“㱿”表示。“㱿”可以读作ké，含义与“壳”相同，是“坚硬的外皮”，用在“榖”字上可以指谷物的外壳，也就是糠。还可以读作hù，有“呕吐”的意思，用在“榖”字上可以表示谷物成熟吐露谷粒。所以说，“㱿”既表读音，又表字义。

《说文解字》：“榖，续也，百榖之总名。”意思是说，“榖”是让生命延续的长远之计，是谷物的总称。“榖”与“禾”都是总称，区别在于：“榖”特指谷物，是粮食作物的统称；“禾”是禾本科植物的总称，其中包含粮食作物。“榖”的范围比“禾”要小，不过后期两字的含义有所交叉，都指谷物、庄稼、粮食等。

在新石器时期，中华民族的粮食文明就已经萌发，并且是世界上

## 粮语

手里有粮，心中不慌。谷物是我们延续生命、传承文明的基本保障。『榖』字给人带来踏实、安稳的感觉。所以，『榖』延伸出『养育』的含义。温饱问题解决了，人们才能有更高的生活追求，未来才会更加美好，因此『榖』字又含有『美善』的意思，比如古代诸侯君主自谦时用『不榖』。

最早种植谷物的文明之一。我国对粮食作物的传统分类有很多种，素有“百谷”“九谷”“六谷”“五谷”之说。“百谷”不是指一百种谷物，“百”是泛指，形容数量之多。“九谷”是指：黍、稷、稻、粱、三豆和二麦（晋·崔豹《古今注·草木》）。“六谷”是指：稻、粱、菽、麦、黍、稷（南宋·王应麟《三字经》）。“五谷”有多种解释，比如：麻、黍、稷、麦、豆（东汉·郑玄《周礼注》）；稻、黍、稷、麦、菽（东汉·赵歧《孟子章句》）；稻、稷、麦、豆、麻（东汉·王逸《楚辞章句》）。

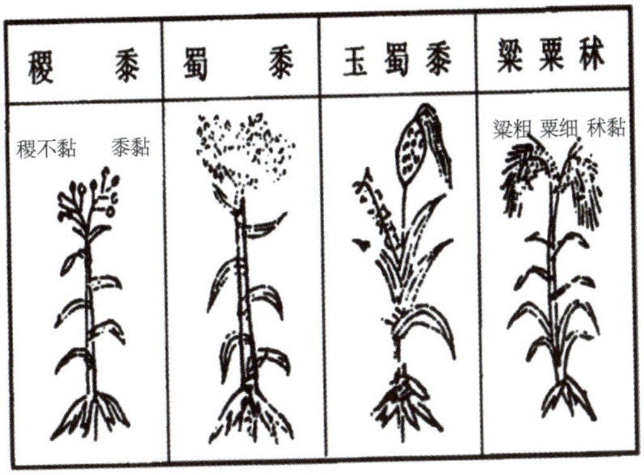

谷物简图（明·李时珍《本草纲目》）

总之，尽管粮食作物的分类众说纷纭，但总体上重要的几种无外乎：粟稷（小米）、黍（黄米）、稻、麦、菽（豆）、粱（高粱）、麻（芝麻）等，还有后来域外传入的薯类作物，后文将具体说明。

# 稷

（甲骨文）

趣写古汉字

**鸡鸣达四境，黍稷盈原畴。**

——汉末·王粲《从军诗》（节选）

“稷（jì）”是一种古代普遍种植的重要粮食作物。从甲骨文的字形上来看，像一个人在“禾”面前跪拜，并仰头祷告。《说文解字》解释该字为“五谷之长”，提高了“稷”在五谷中的地位，后来成为谷物的代称甚至总称。

古人对神有敬畏信仰，尤其是掌握五谷的神灵，决定着人们的温饱问题，历来是人们祭祀的主要对象。大概是因为谷物众多不能全部祭拜，所以把“稷”作为代表。我国神话传说中，粮食之神就被尊称为“后稷”。后稷的原名叫“弃”，因为他出生以后就被母亲姜嫄（yuán）丢弃了。可是他似有神灵护佑，牛马见了不曾践踏，樵夫见了赶忙救起，飞禽见了还为他遮挡风寒。后来姜嫄将他抱回，精心抚养。

弃很聪明，特别善于观察。他能区别出谷物的不同，并且细心收藏种子；还及时总结种植经验，并积极推广，很受人们称赞。周围的老百姓纷纷效仿弃的种植方法，取得了不错的收成。尧帝听说此事后，就聘请他管理天下有关农业的事情。此后农业有了大发展，年年五谷丰登，弃拯救人民免受饥荒之苦。由于他发展农业有功，人们尊称为“后稷”（“后”是君王的意思），尧帝还赐给他封地“邰（tái）”（在今陕西省武功

**粮语**

『稷』是平凡而神圣的。作为一个人，他吃过苦，遭遇过挫折，然而他又从毫末做起，为人民开创了新生活，造福千家万户。作为一种粮，它能忍耐干旱，努力生长，尽管谷粒小得微不足道，但能解决百姓的生计大事。平凡本是万物的常态，神圣则靠无私的奉献。

后稷像

县西南）。这片土地养育了周民族，他们后来建立了周朝。周人特别善于种植粮食，周朝又以农立国，这正是受其始祖后稷的影响。后来，“稷”就成为农业发达的象征，从汉朝以来我国各郡县都设有稷神祭坛，成为国人最重要的祭祀场所之一。

前面说“稷”是一种粮食作物，然而具体指哪种却不够明确，历来说法各异。多数人认为“稷”就是“粟”，也就是常说的“谷子”，去掉谷壳后称作“小米”。这种作物对生长条件要求不苛刻，比较耐旱，在我国北方广泛种植，成为人们日常主要粮食，所以被推为“五谷之长”是贴切的。

# 粟

（甲骨文）

趣写古汉字

春种一粒粟，秋收万颗子。

——唐·李绅《悯农》（节选）

“粟”是一株成熟谷子的象形字，上面结满籽实，下面洒落了谷粒。《说文解字》：“粟，嘉谷实也。”“粟”字的本义就是“成熟谷物的籽粒”，后来特指“谷子”（去皮后称作“小米”），也泛指粮食作物。

粟的起源很早，在我国约有7000年的栽培历史。从地域上看，东起河北武安市，西到青海海东市柳湾，这些地区很多新石器文化遗址都出土过粟粒，说明粟的种植范围很广。

粟与乡间路边常见的狗尾草是同一属类的植物，只不过粟经过了人工栽培，被驯化成为籽实多、宜于人类食用的粮食作物。它既耐旱又不怕酸碱，生存能力很强，所以在我国干旱地区、贫瘠山区都有种植。周朝时，粟是人们的首要粮食作物，此后也一直是“五谷”中的主要成员，在中华儿女的餐桌上飘香了几千年。

粟的营养非常丰富，种类繁多，比较著名品种有山西沁州黄、山东龙山米、山东金米、河北桃花米等。据现代食品检测得出，粟中平均粗蛋白含量约为13%、平均粗脂肪含量约为4.5%，含有8种以上氨基酸，还有丰富的维生素。它不仅是主食首选，更是养生佳品。人们喜欢将粟熬成粥，黏稠醇香，能起到开肠胃、补虚损、益丹田的作用，素有“代参

## 粮语

幼小时的粟，坚韧不拔，蓄力迸发，在干旱贫瘠的土壤上顽强生长；成熟后的粟，谦虚低调，俯身弯腰，把最珍贵的籽实贡献于天地之间。粟的品格，与圣贤的人格一脉相通。

汤”的美称，特别适合气血亏损、体质虚弱的人。所以我国北方有用粟粥加红糖来调养产妇身体的传统。另外，粟还可做各式各样的糕点，也可以酿酒，极大丰富了我们的饮食文化。

一粒粟体积非常小，于是人们常用它来表达“微小、渺小”的意思。比如苏轼在《前赤壁赋》里吟咏道：“渺沧海之一粟。”尽管是小小的粟，可它从古至今一直在哺育着伟大的中华文明和华夏儿女，成为我们的生命之源、文化之本。

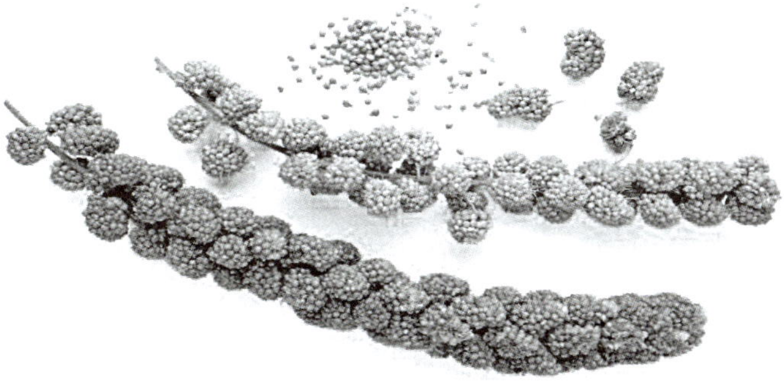

谷子

# 黍

（甲骨文）

趣写古汉字

**硕鼠硕鼠，无食我黍！**

——《诗经·硕鼠》（节选）

我国古代，常常与“稷”（或“粟”）并称的，就是“黍”。“稷”与“黍”都是禾本科植物，分布地区相同，生长习性相似，所以人们常常将“黍稷”合用。

“黍”的古今字形中都有两个要素：一是“禾”，二是“水”。《说文解字》解释道：“黍，禾属而黏者也。”李时珍在《本草纲目》里也说：“稷与黍，一类二种也。黏者为黍，不黏者为稷。”由此可知，“黍”是带有黏性的禾，字里的“水”就是指这种黏稠的特性。“黍”就是俗称的“糜（méi）子”，去皮后称为“黄米”，老百姓很熟悉，常用来做糕、酿酒。另外，“黍”还可以指在元明时期传入我国的粮食新品种——玉米。玉米又称为“玉蜀黍”“苞米”等，是世界上分布非常广泛、总产量最高的粮食作物。

除了饮食之用以外，“黍”还是人们生活中重要的工具。我国早期的度量衡制度把“黍”作为计算单位。测定长度的用具称作“黍尺”，用100粒黍排列起来，其长度就是1尺；在测定容量的单位中，每12000粒黍为1升；在测定重量的单位中，每2400粒黍为1两。可见黍对于老百姓的生活是多么的普遍而重要。

## 粮语

富有黏性的黍，似乎特别适合表达留恋、忧思的情感。中国人扎根土地千万年，辛勤劳作上百代，对山川、土壤、作物、鸟禽有着无限的热爱。我们喝着稠稠的粥，心里蕴着浓浓的情，所以，对中国人来说，安土重迁已成习惯，家国情怀当是本然。

黍

在我们传统文化情感中，有一种忧伤称作“黍离之悲”，出自《诗经·黍离》中的诗句：“彼黍离离，彼稷之苗。行迈靡靡，中心摇摇。知我者，谓我心忧，不知我者，谓我何求。悠悠苍天，此何人哉……”一个人在田间踽踽独行，看着两旁的黍稷籽实饱满，心中却有无尽的愁苦。这种忧思，难以言表，只有了解他的人才能体会；而对于那些不了解他的人，他也不去强求。他在黍稷摇摆的簌簌声中，不禁发问：苍天啊，我怎会走到如此的地步……据说这首诗写于西周灭亡后，尽管黍草茂密，但作者的眼里却是满目荒凉，不由得触景伤怀，怜悯痛惜，表达出亡国之痛和对命运动荡的伤感。

本来，人们的生活会因为有了粮食而多一份安稳悠哉。但是，即便是面对黍粒饱满、黍穗下垂的兴盛景象，有些人仍然心感忧伤、心神不定。在这样的反差中，体现出人们对气节、信仰和人生境界等更高层次的精神追求。所以，“黍离之悲”已经不完全是土地本身的问题了。

# 稻

（金文）

趣写古汉字

稻穗堆场谷满车，家家鸡犬更桑麻。

——南宋·杨万里《田家乐》（节选）

“稻”即水稻，是“禾”的一种。字中的“舀”表示读音，也兼表字义。从金文的字形来看，“稻”的右上方是一只手抓着一根木棒（杵），右下方是个容器（臼），而左边是一株“禾”；三部分合在一起表示“舂稻去壳”。

水稻是我国非常重要的粮食作物。在公元前7000年前后的新石器时代，我国有两大农业区，北方是粟作物区，南方是稻作物区。经考证，中国是世界上栽培水稻最早、至今水稻产量最多的国家。1995年11月，我国考古专家在湖南省道县玉蟾岩遗址发现了4粒炭化稻谷，鉴定确认它们生长在约12000年前，这是世界上最早的人工栽培稻谷遗存，也是探索水稻起源和演化的珍贵实物。2004年11月，中美联合考古队又在玉蟾岩发现了5粒稻谷。因此，湖南的玉蟾岩被称为“世界水稻起源的圣地”。

在如今的洞庭湖一带、距今近9000年前的彭头山文化中，有着非常丰富的稻谷遗存。我们可以发现当时的人们常把水稻的皮糠混于黏土中，用来制作陶器，还涂抹房屋墙壁，可见水稻的产量已经不小。而在后期浙江河姆渡文化中，普遍发现了20～50厘米厚的稻谷、稻草堆积层，足见当时水稻生产力之强。

## 粮语

稻，可生于黑土、淤泥、盐碱之上，籽实依然洁白；又可裹于海苔、竹筒、粽叶之中，味道依然醇香。千易不改其色，全世界都喜爱它的纯；万变不离其宗，全世界更迷恋它的真。

水稻

我国栽培的水稻类型主要有籼（xiān）稻和粳（jīng）稻两大类。籼稻黏性较弱，谷粒狭长，耐湿、耐热，多生长在南方地区；粳稻黏性较强，谷粒短圆，耐寒、耐弱光，多生长在北方地区。如果根据成熟季节来划分，水稻还有早稻、中稻、晚稻；根据淀粉含量来划分，有非糯稻和糯稻；根据生长条件来划分，有分别长在旱地、水田和盐碱地的水稻，等等。人们在商品经济时代培育出的水稻品种和品牌更是不一而足。不管是哪种，总体上水稻营养丰富，喷香可口，深受人们的喜爱。

水稻后来由我国传向了世界各地，对人民解决饥饿起到了重要作用，在人类的发展史上功劳无比。时至今日，我国仍对世界水稻种植发挥着巨大的推动力和影响力。“杂交水稻之父”袁隆平院士的技术，不仅极大地提高了水稻产量，而且还研发出适应性更强的盐碱水稻，为世界粮食安全做出了杰出贡献。

# 麦

（甲骨文）

趣写古汉字

夜来南风起，小麦覆陇黄。

——唐·白居易《观刈麦》（节选）

在说“麦”字之前，我们要先了解另一个字——“来”（繁体为“來”）。“来”的本义其实就是麦子，甲骨文字形正像是一株有叶、有穗、有根的麦草。后来它主要表示“到来”，因为人们认为麦子是上天赐予的珍贵粮食，是送来的祥瑞之物。从上面“麦”的甲骨文字形可以看出，“麦”字就是由“來”和“夊（suī）”（指“脚步”）构成，比较形象地保留了“小麦是上天赐来的”这一传说渊源。

小麦

《说文解字》：“麦，芒谷。”麦子是有芒刺的谷物，虽说稻谷也有芒刺，但没有麦子那么长，所以“芒”就是麦子的最大特点。麦子是一年生或二年生的植物，有小麦、大麦、燕麦、黑麦等。我国古代一般认为“来”指小麦，“麰（móu）”指大麦。

麦子耐寒耐旱，尤其适合在我国北方地区生长，因此也成为北方人最主要的粮食作物之一。麦子在我国出现得很早，据考古发掘表明，最早

## 粮语

麦子极具锋芒，那是它立于天地之间，剑指苍穹、坚强不屈的展现；然而它又非常细腻，甘于放下身段，甚至粉身碎骨，常以『无我』的姿态面对世人。无论它以怎样的方式出现，那清香始终寓于其中，那天生的筋道依旧十足。

的麦子遗存都出土于西北地区，比如新疆孔雀河古墓沟新石器时代遗址发现的碳化小麦，距今有4000多年。根据《诗经》等文献我们可以推断，在商周时期麦子种植已经扩大到了黄河中下游地区。而在晋代时，麦子又进入了南方。随着南宋时期北方人口的大量南迁，麦子很快在南方家喻户晓，成了广受大江南北喜爱的粮食作物。至今麦子是世界上分布最广泛的粮食作物，其播种面积为各种粮食作物之冠，全球有1/3以上的人口以麦子为主食。

麦子自古就是滋养人体的重要食物。唐代陈藏器撰写的《本草拾遗》中提到："小麦面，补虚，实人肤体，厚肠胃，强气力。"小麦营养价值很高，主要成分是碳水化合物、蛋白质、氨基酸和维生素，对人体健康很有益处；其中碳水化合物约占75%、蛋白质约占10%，是补充人体热量和蛋白质的重要来源。

麦子的食用方法多种多样，通常是将麦子磨成粉再制作成面食，比如面条、包子、饺子、饼等，这些都是中国传统美食。麦子还可以做糖、酒、精饲料等，而麦秆可以用于编织和造纸等，可谓"全身是宝"。

# 尗

趣写古汉字

（甲骨文）

**野谷旅生，麻尗尤盛。**

——南朝宋·范晔《后汉书》（节选）

“尗（shú）”指的是豆类植物，是“菽（shū）”的本字。《说文解字》认为：“尗，豆也。象尗豆生之形。”我们看“尗”的甲骨文字形，很像一个垂落的豆荚，旁边还散落着三粒豆。后来，人们在“尗”的基础上增加了“又”（表示“手”）和“艸（cǎo）”（“草”的本字），构成“菽”字，表明豆是需要用手采摘的植物。

而“豆”字原本是一种古代的器皿，与豆类植物没有关系。只是在战国以后，人们习惯用“豆”代替“尗”（“菽”），作为豆类植物的总称。一直到现在，说到豆类，我们几乎不再用“尗”这个字了。

豆类植物自古就是人们的粮食作物，在我国种植历史久远，并且品种繁多、营养丰富、口味佳美，深受人们喜爱。《战国策·韩策一》里说：“五谷所生，非麦而豆，民之所食，大抵豆饭藿羹。”就是说，地上种的谷物，不是麦子就是豆子；老百姓吃的，大多是豆饭和菜羹。可见豆在当时人们生活中发挥着重要的作用。

古文献中有“大豆”和“小豆”之分，但并不是很严格。按照贾思勰《齐民要术》和王象晋《群芳谱》的分类法，大豆主要有黄豆、黑豆、蚕豆、刀豆等；小豆主要有红豆、绿豆、白小豆等。人们把形形色色的

豆荚

**粮语**

一粒豆很小，却伴随着中华儿女生长繁衍了上千年，也走向了世界，成为驰名中外的重要粮油作物。然而请不要忘记，它的本名称作『尗』。

豆加工成各式各样的食品，也开创出许多制作豆类食品的科学方法。比如以大豆为原料可以点出豆腐，榨取大豆油，发酵酿造豆豉、豆酱等各类延伸食品；以小豆为原料可以制作糕点、粉丝等。我国豆制品类灿然多彩、琳琅满目，令世人赞叹不已。

我国是世界公认的大豆原产地。据考古发掘来看，吉林永吉乌拉街出土的碳化大豆，距今已有2600年，是东周末期的实物，也是目前出土的最早的大豆。各国栽培的大豆也都是由我国传播出去的，如今豆类植物是重要的世界性食物原料，广受全世界人民的认可。

# 粱

（金文）

趣写古汉字

食以稻粱为贵，故以粱表精。

——唐·孔颖达《春秋左传正义》（节选）

“粱”在《说文解字》里被解释为“米名也”。历来“粱”这个字具体所指并不一致：有的说粱就是粟，并且是“粟之精者”；有的说是与黍稻稷等并列的、品种优良的谷物；有的说泛指精粮或精细的食物，与粗粮相对应；有的还说是指“高粱”。只不过高粱在我国古籍记载中出现较晚，所以有专家认为高粱并非我国本土植物，而是从外域传来的。

根据史学家的研究考证，高粱的原产地在非洲赤道两侧，已经有7000年的栽培历史了。在尼罗河上游田野地带，至今仍能看到自由生长的野生高粱。但是随着考古挖掘的深入，我国境内也发现了早期种植高粱的证据，比如在甘肃明乐县东辉山的新石器时代遗址中出土了5000多年前的碳化高粱遗存。总之，不管高粱起源于哪里，我们都可以判断高粱在我国有着悠久的种植历史，从古至今都是中国人最喜欢、最重要的粮食作物之一。

高粱在我国古代又称“蜀黍”“芦粟”，它秆直立粗壮，叶窄长厚实，穗大如散帚或棒槌，喜光、喜温，甚至能耐高温，我国南北各地均有栽培，以东北为最多。高粱可谓粮食里的“多面手”，可以食用：高粱中主要营养成分为碳水化合物，含量为74.7%，其淀粉含量比小米、小麦

## 粮语

『粱』与『梁』同音，其实这两字的字义也有联系：『梁』是木，无论是房梁还是桥梁，都起到支撑、连通的作用；『粱』是米，以其『多功能』的优势，支撑着人们的饮食安全，沟通着人类生活的方方面面，难怪人们的梦里都有『黄粱』。

中的含量高得多；蛋白质、氨基酸、维生素、矿物元素也都很丰富。它可以作酿造用：高粱酒在我国历史悠久，以高粱为原料酿造的白酒，香味诱人，在世界久享盛名；另外，我国北方有大量的优质食醋也是用高粱为原料来酿造的，如山西老陈醋等。它可以作饲料用：高粱的嫩叶在阴干条件下青贮，或是晒干后可作饲料。它可以作制糖用：甜高粱茎秆中汁液丰富，含糖量高，是生产糖浆和结晶糖的重要原料。它可以作燃料用：高粱还是最具价值的能源作物之一，可以用来生产燃料乙醇。它可以作造纸用：高粱茎叶中含有近18%的纤维素，非常适合造纸，对于节约木材、保护森林有着重要作用。它还可以作劳动工具用，比如高粱穗制作的笤帚或炊帚。

古人为这种植物冠上了“高”字，不无道理。就以它经济价值高、应用范围广来说，足见它在人们心目中确实很有地位。

# 麻

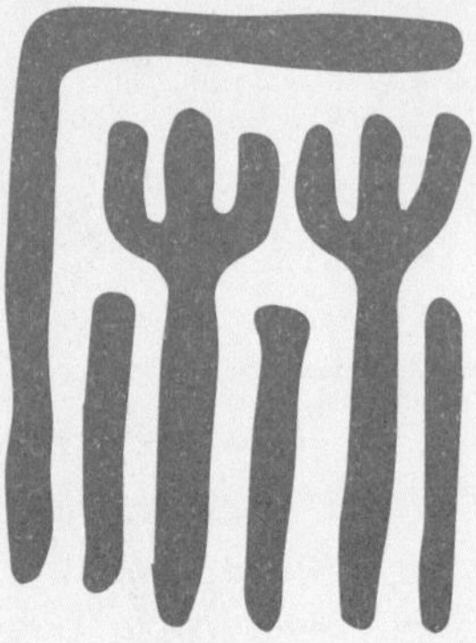

（金文）

趣写古汉字

东门之池，可以沤麻。

——《诗经·东门之池》（节选）

从“麻”的金文字形上来看，上面的“厂”，指代屋子；下方有两株“屮（chè）”（表示“草”），旁边的竖是剥除掉的麻皮。该字的本义是在室内加工“麻”这种植物，也指已经加工好的麻。

在我国古代，麻最初指的是大麻子，是可以用来当作粮食的，也曾被列入“五谷”当中，不过大麻子很早就退出了谷物的行列。麻最大的特点是茎皮纤维长且坚韧，可以用来纺织。因此人们会对麻进行加工，剥离麻皮纤维，经过一系列的处理后，就可以穿上麻衣、用上麻绳、铺上麻纸等，还研制出各种各样的麻制品。它们十分耐用，为人们的生活增添了许多便利。

再次进入到食品行列中的麻，是汉代张骞出使西域以后，从外域引入的“胡麻”，又称“脂麻”，也就是现在我们常见的“芝麻”。芝麻形体很小，是可以直接吃的，一般烹炒着吃。然而只把它当饭吃，确实有些“腻”，因为它的含油量很高。经现代检测得知，其含油量高达55%。人们认为它非常适合作食用油，于是“麻”由“食”变为了“料”。

“麻油”在我国的记载，最早出现在西晋史学家陈寿的《三国志》里，而到了南北朝时则明确出现了“胡麻油”的字证。芝麻榨取的油称

## 粮语

『蓬生麻中，不扶而直。』（《荀子》）麻的外形笔直挺拔，成了『蓬』的榜样和激励；麻的纤维坚韧耐用，似乎对外在的挫折感到『麻木』；麻的籽实微小而多油，汇聚到一起的精华，其香气飘进了千家万户。

为胡麻油、香油等，特点是气味醇香，生用熟食皆可。自古以来，香油被公认为是非常珍贵的调味品，用它制作的各色食品和美味佳肴，一直著称于世。

另外，芝麻也可作为烹饪的原料，用于糕点的馅料、点心以及菜肴辅料。人们还能吃到芝麻糊、芝麻饼、芝麻酱等，都是很有营养和特色的食品。

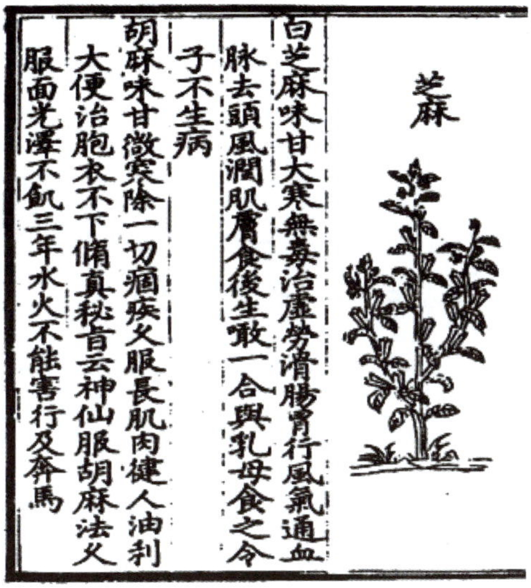
芝麻

白芝麻味甘大寒無毒治虚勞滑腸胃行風氣通血脉去頭風潤肌膚食後生噉一合與乳母食之令子不生病

胡麻味甘微寒除一切痼疾久服長肌肉健人油利大便治胞衣不下脩真秘旨云神仙服胡麻法久服面光澤不飢三年水火不能害行及奔馬

关于芝麻的文献记载（元·忽思慧《饮膳正要》）

# 薯

（小篆）

趣写古汉字

半园荒草没佳蔬，煮得占禾半是薯。

——北宋·苏轼《过黎君郊居》（节选）

说起粮食，不能遗漏了现在常见的“薯类”粮食——红薯和马铃薯。由于二者均是在16世纪以后传入我国的，所以在古代典籍中很少提及，甚至连“薯”的古文字也没有。后来人们根据这两种作物的习性给它们起了名字，归结到“薯”这个新的粮食作物类别里。“薯”是由“艸”和“署”两部分构成，是个形声字。“艸”表示该字是植物，这好理解。那为什么要用“署”来表示字音呢？“名不正则言不顺”，古人不会随随便便地起名，“署”一定与两种作物有内在的联系。

从“署”的小篆字形可以看出，上方是一张“网”，下方是一个“者”，该字的本义应该是“捕鱼、狩猎时下网的位置所在”。《说文解字》解释道：“署，部署也。各有所网属也。”薯类植物的特点是可食的籽实均在根部，而枝叶又较为茂密，人们采收时不易发现，这就需要像下网一样明确它们位置所在，甚至要做好标记，统筹安排。大概这就是“薯”字构造的来源。

红薯也称甘薯、番薯、地瓜等，原产于美洲。16世纪意大利航海家哥伦布发现新大陆时，红薯被带到了西班牙。之后西班牙人又把红薯带到了菲律宾一带，然后传入我国。这里需要注意的是“甘薯”最早在我

**粮语**

薯源自美洲，但并不像美洲人那么热情奔放，其性格倒是与中国人相契合：低调沉稳，静默谦和，坚韧努力，平易可亲……

国指的是“山药”（又称“甘薯”），自古就是一种药材，与现在我们说的“红薯”是两回事。马铃薯俗称土豆、地蛋等，原产地也是美洲，它的传播同样要归功于西班牙人。据记载，马铃薯大概是在明末清初时期从欧洲大陆传入我国的，因为马队驮着一袋袋土豆进入人们视野时，马铃叮当，正巧土豆的形状与马铃相似，所以人们称这种新食物为“马铃薯”。

红薯与马铃薯相比于传统“五谷”而言，虽然是“外来和尚”“后起之秀”，但是它们却能够极好地“入乡随俗”，迅速获得人心，成为广受喜爱的大众食物。究其原因，主要是它们能适应各种生长条件，能适合各种烹饪方法，更能适宜各种人群食用。

# 农

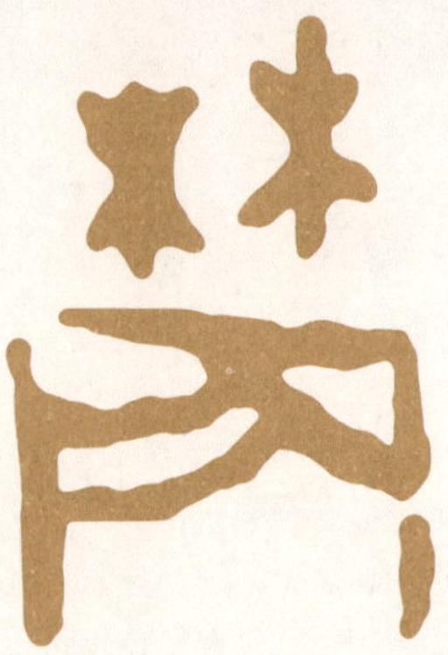

（甲骨文）

趣写古汉字

贫生于不足，不足生于不农。

——西汉·晁错《论贵粟疏》（节选）

“农”字（繁体为“農”）的古今字形差异比较大，从简体字上很难看出这个字的原始字义。不过，甲骨文却生动地展现出“农”字的起源。

从上面甲骨文的字形看，“农”字的上部分是“林”，下部分是“辰”。“辰”是大蚌壳的象形，古代人们用来当农具使用。这样，“农”字的本义显而易见——用农具开垦林地。后期“农”的字形有所变化：金文把“林”变为了“田”，含义基本没变；小篆又在“田”的两旁加了两只手的符号，表示双手在田上劳作；楷体字有了较大的讹变，上部分变成了“曲”；汉字简化以后，“农”已经成为了抽象符号。

尽管字形的变化大，但“农”的字义古今却一脉相承。《说文解字》：“农，耕也。”与耕地相关的事称“农业”，人称“农民”，时称“农时”，地称“农田”，域称“农村”。我国是个农业大国，农业生产有着悠久的历史，农业文明也是华夏文明非常重要的组成部分。“民事农，则田垦；田垦，则粟多；粟多，则国富。”（《管子·治国》）在我们的文化中，“农”是立国之本，有着极其重要的地位。

神话传说中，上古有位姓姜的部落首领，曾经“以身试毒”，尝遍各种植物，收集了很多可以吃的谷物种子，培育成为人们以后的粮食。并

## 粮语

『农』是一种态度。当祖先们拿起农具向林间走去的时候，即将被开垦的，不仅仅是眼前的土地，而是与以往人类生活方式完全不同的未知领域。他们要放弃的，是原本不可预测但能够即时获利的捕猎生活；他们要迎接的，是未来必须脚踏实地并要付出极大耐心的农耕生活。我们祖先当初跨出的那一步，开拓了此后中国大地上精耕细作、自给自足的生命形态。

且他还发明了木制农具，推广了稼穑技术，提高了开垦土地的效率。此后，农耕劳作越来越普遍，人们用自己勤劳的双手告别了四处采摘、忍饥挨饿的日子，也逐步缔造了辉煌灿烂的农业文明。他因为功绩显赫，被人们称为“神农”。他的另一个名称为“炎帝”，是华夏文明始祖“炎黄”两帝中的一位。

农业的发展当然不能靠某一个人，也绝非一朝一夕的事情。“神农”的形象，是人们对五谷丰登的感恩和期盼，是农耕生活中虔诚信仰的集中体现。千百年来，农业的持续稳定发展，为我们民族和国家的绵延不断和长盛不衰奠定了重要的基础，成为中华文化的源头根基。

神农形象

# 焚

（甲骨文）

趣写古汉字

**焚林而田，竭泽而渔。**

——西汉·刘安《淮南子》（节选）

“焚”字的甲骨文，上面像树林，下面像火焰；还有的甲骨文字形在火的下面加上了手的符号，指的是手持火把焚烧树林。《说文解字》：“焚，烧田也。”这里的“田”，是“田猎”的意思。“烧田”，就是利用野兽怕火的特点，放火焚烧树林，驱赶野兽，进而捕狩猎物的原始方法。

虽然“焚”的威力很大，可以让捕猎者收获满满，但是毕竟这种方式的杀伤力过大，对树林以及猎物有毁灭性的破坏。作为一种生活方式来讲，“焚林而猎”是不可持续的，所以人们需要寻找更有效的方法来代替，这就是“焚林而农”。

农业生产首先要有适宜耕种的土地资源，然而自然界并非处处都是“良田”，绝大多数都是原始草木杂生的环境。在工具不发达、生产力低下的时代，要清除这些障碍难度是很大的。幸运的是，人们发现了火的威力。每当山火燃尽之后，人们发现，林中的草木杂枝已变成灰烬，土地显然变得开阔了许多。并且那些草木灰掺入土壤之中，成为上好的肥料，来年长出的植物反而更加旺盛。于是，人们开始尝试先在局部区域进行焚烧，对土地开展一次前期的打理，然后播种作物，这样作物生长的效果会更好。久而久之，“焚”成为“种”之前的必要程序，在相当

## 粮语

火对人类而言，既是祸，又是福，其中的差别，在于能否掌控得住。从拿起火把开始，『刀耕火种』就拉开了我们文明的序幕，从此人类开始学会『掌控』自然。确实，我们的能力越来越强，技术也越来越发达，然而如果我们掌控不了自己的欲望，最终将会『玩火自焚』。

神农执耒图
（山东济宁武氏祠汉画像石雕刻）

长的一段时期内盛行。所以我们看，“焚”这个字正像是一幅简洁的农作图，描摹出古人引火烧山、开垦田地的场景。

值得注意的是，我国神话传说中的“炎帝”，既是尝百草的“神农氏”，又号为“烈山氏”。“炎”和“烈山”都与火有关，这正说明了火与农业有着密切的联系。也许，炎帝就是第一个这样的人：一只手握着五谷种子，另一只手握着火把，勇敢走向山林，带领大家“焚山而农”的人。

# 田

（甲骨文）

趣写古汉字

## 归去来兮，田园将芜胡不归？

——东晋·陶渊明《归去来兮辞》（节选）

“田”是一个象形字，指的就是农田，外像田地的边缘，内像纵横的小路。

农田是农民赖以生存的最基本的生产资料，也是发展农业所需要的最基本的生产要素。“田”对农民而言，就是“命根子”。他们要在田地上耕耘一生，付出艰苦卓绝的努力，用汗水收获粮食，用勤奋创造价值。

我国地域广阔，地形复杂，地貌多样。农民世世代代在大地上劳作，他们对脚下的土壤太熟悉，也非常清楚如何利用好宝贵的土地资源。在长期的生产实践中，古代劳动人民因地制宜，不断开发沃土良田，促进了农业大发展。他们用聪明智慧在土地上留下了一幅幅五彩斑斓、形态各异、巧夺天工的杰作。除了平原地区那齐整平坦的“井田”之外，还有很多极富特色的农田类型。

梯田　是丘陵上的彩带。蜿蜒起伏、层层分明、通风透光的形态，在蓄水、保土、增产方面的作用显著，有利于作物生长和营养物质的积累。我国梯田大多分布在西北黄土高原及南方丘陵山区。比较有名的大梯田区域是云南元阳县境内的哈尼梯田，已有2000多年历史，被联合国教科文组织批准列入世界遗产名录。还有广西龙胜梯田，秀美旖旎，被

## 粮语

依田而生的农耕生活，面对的是亘古不变的大地。然而人们却在不断更新着技术，改造着环境，传承着经验，这就是人类独有的力量和文化。在五彩斑斓的田地上，也孕育出中华民族敬畏自然、团结和谐、自强不息、尊老爱幼、勤俭节约等核心价值理念。

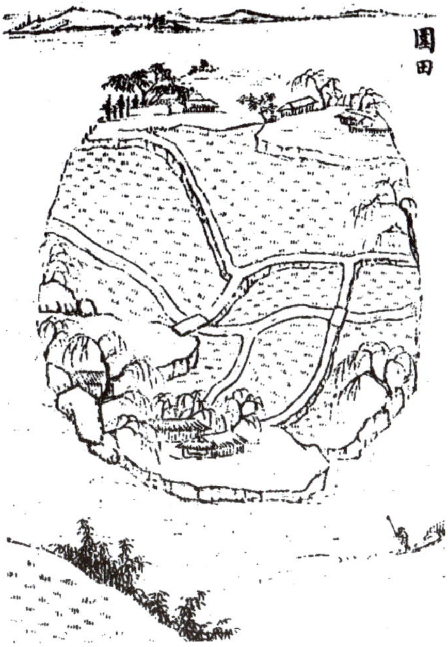


围田
（元·王祯《农书》）

誉为“梯田世界之冠”。

冲田　是山谷间的扇子。从狭窄的山谷源头顺势而下，在开阔平坝河谷形成了扇形农田。这里土壤肥沃，是南方丘陵山区的重要农田。

沙田　是高原里的花园。用砂石铺摊在干燥的土地上，便于抑制水分蒸发、减轻土地干旱。这样的田地能让农作物在干旱条件下生长。

此外还有低洼易涝地区的圩田、漂浮在水上的架田、拦截泥沙的坝田等，可谓人类利用自然发展生产的智慧结晶。

# 种

（小篆）

趣写古汉字

诞降嘉种。

——《诗经·生民》（节选）

“种”，有两种常见字形、字义和字音。一是“穜（zhòng）”，表示“种植”这个动作。《说文解字》：“穜，埶（也写作“艺”）也。”“艺”的甲骨文像一个人跪在地上双手栽种树苗。“穜”和“艺”是同义字。二是“種（zhǒng）”，指的是植物种子。《说文解字》：“種，先穜后熟也。”种子都是先植入土壤里，然后逐渐生长、成熟的。这两个字形后来在汉字简化中合并为“种”。种植技术有一套比较系统的方法，后文将具体谈及，本处只讲种子。

种子是植物生命的源头，更是物种延续以及演化的关键。我们的祖先在长期的农事实践中发现，种子质量对于粮食作物的产量和品质有着决定性的影响，因此自古以来人们就非常重视对优良种子的选拔和储存。值得注意的是，“拔”字正是来源于农业生产中将好苗子提擢起来的动作。我们可以看到，在汉代的《氾（sì）胜之书》与北魏的《齐民要术》等书中，已经出现关于作物采种、留种技术及保藏种子方法的记载了，资料十分珍贵。

任何事物都有出类拔萃者，种子里的称作“嘉种”。既然要种植种子，那么肯定是“嘉种优先”，这样人们迎接“丰年”就多了一分把握。

**粮语**

四季轮回，植物荣枯，大自然在循环往复地运行，但有时也会变幻莫测。无论是天灾还是人祸，自古以来人们时常会落入前功尽弃、满目疮痍的境地，但是只要手里还有一颗种子，那就意味还有一丝重新开始的希望，以及一个曙光初现的明天。人们总在重复着：播下种子，浇灌希望，收获未来。

因此，在大量种子中淘汰劣者、选拔优者，就成为首要工作。经过实践检验，我国古人凝练出的选种方法主要有穗选法和溲种法。穗选法是以植物的穗为评判依据，单独把穗大粒实的植物挑出来精心培育，有利于促进品种的优化。溲种法就是给种子穿上一层用动物粪肥制作的保护衣，促进种子萌动，增强抗旱和防病能力，有利于减少种子的损失。嘉种的层层筛选和普遍使用，必然会推动粮食生产的有力发展，在这个过程中，这些选种技术功不可没。

另外，种子的储存是保证农业持续发展的前提，历来也备受重视。在我国西安的半坡村遗址出土文物中，发现了5000多年前的贮粮地窖，其中盛有许多炭化粟粒。这些粟粒除了作为粮食储存以外，不排除是古人收集嘉种而单独存放的可能。种子虽小，可作用重大。

# 耕

（小篆）

趣写古汉字

**凡秋耕欲深，春夏欲浅。**

——北魏·贾思勰《齐民要术》（节选）

“耕”的篆体字形中，“耒”表示翻土农具；“井”既表读音，又兼表字义，指“井田”。“耕”的本义就是耕地劳作。与此相近的字还有“耘”，因此“耕耘”常常连用。

农业生产要靠天、地、人的协调配合。“为之者人也，生之者地也，养之者天也。”（《吕氏春秋·审时》）在有了土地、种子之后，人们已经具备了农业生产的必要客观条件，只欠“人力”这一关键的东风了。于是，在这偌大的舞台上，在这亘古如初的大地上，人类开始了持续近万年的精彩发挥。

适宜的“天时”“地利”不可强求，但可以通过“人力”来不断调节优化。人们努力改善粮食作物的局部生长环境，来提高土地利用率、土地生产率，所以，这个“人力”主要体现在“耕耘”上。在我国悠久的农耕文明历史中，人们一直在改进耕耘技术，涉及很多方面。在翻地方面，使用耙等农具让土地更加平整易种，还使用了犁等畜力农具。在灌溉方面，开凿了渠、塘等水利系统工程，还发明了翻车、筒车等引水设备。在播种方面，除了手工播种之外，又创造出耧车等大大提高播种效率和质量的新型农具。在除草方面，有锄、铲、耘等，能有效为庄稼除

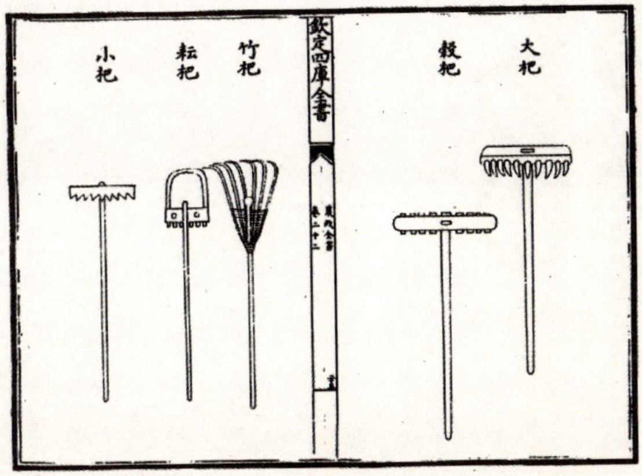


关于耙的文献记载（明·徐光启《农政全书》）

**粮语**

从刀耕火种到精耕细作，自然环境没有变化，变的是人的心态。人一旦认真专注起来，天降甘露，老树发芽，金石为开——大自然能够感应得到。

草松土，清理它们“成长的烦恼”。在收割方面，有铚（zhì）、镰等，还有可以清理籽粒、分出糠秕的风车。以上均是传统农具，至于进入现代社会以后出现的大规模自动化耕作农具，种类和先进程度已是不可胜数，令人惊叹不已。

在耕作过程中人们总结出的耕作经验，也是极其珍贵。比如“间作套种法”充分利用了光能、空间以及不同作物的生长习性，提高了作物产量；“轮作法”在同一块地上按顺序轮换种植不同作物，有利于恢复和培养地力；“垄作法”合理利用了陇和沟的纵向落差，增加了地表使用面积，有效调节旱涝；“中耕法”在作物生长期中，对土壤进行浅层翻倒、疏松，可增厚土层，提高土温，覆盖肥料和压埋杂草。

“耕”是人们对大自然的敬畏和挑战，更是一种全身心地沉浸与投入。人们合理利用自然资源，不断提高作物生产力，努力获得农业的全面持续稳定增产，同时还不忘维护生态平衡。其中蕴含的智慧，在改造大自然的同时，也塑造出了丰富的人生。

# 犁

（小篆）

趣写古汉字

乘暖冬耕无远近，小舟日晚载犁归。

——南宋·陆游《冬晴与子坦子聿游湖上》（节选）

如果说，人耕为“耕”，那么牛耕就是“犁”。《说文解字》：“犁，耕也”。从“犁”的小篆字形上也能看出，该字有“牛”和“黎”两部分；作为声符的“黎”字，则由“刀”和“黍”组成，所有部件组合在一起构成“犁”字的本义——牛在农田上耕地翻土，既表示耕作方式，又表示一种农具。

“犁”可以作为我国农业发展革命性演变的一个见证，因为它的出现，说明了我们祖先在农具材质和动力源上完成了飞跃：使用铁制农具，并以牛、马等畜力代替人力。

随着冶铁技术的进步，我国在西周后期出现了铁制农具，代替了原木、石、骨制农具，强化了农具的功能，还延长了使用寿命，极大地提高了社会生产力。各种“钅”字旁的新农具，为人们开垦农田、精耕细作创造了有利条件。由于铁器的广泛使用，牛耕技术也随之产生并得到广泛的应用。人们发现，将畜力用于农业劳作，非常高效。所谓“好牛配好犁”，牛的力气与铁犁的硬度配合起来，“如有天助”，能够轻易达到人力所无法达到的程度。更重要的是，还能够节省人力，把人从土地上解放出来从事其他工作。此后，牛耕就成为传统农业生产的主力军，在

## 粮语

技术进步是促进生产力发展的关键因素，人类在漫长的历史中一次次地验证着这个规律。如今，静静陈列在博物馆里的铁犁，如果它能睁开沉睡几千年的双眼，看一看我们现代农业生产的场景，恐怕也要『望洋兴叹』了吧。

中华大地上耕出了辉煌的成就。

后来，人们还对犁进行了改造，陆续推出各种升级版本，最出名的就是唐代的“曲辕犁”。与以往的犁相比，曲辕犁的先进之处在于更加轻便灵活，即便在狭窄的农田里也可以自由转向；还可以手动调节犁头入土的深浅、宽窄，能满足不同的耕作需求；再就是整体结构可以拆卸和组装，方便及时更换损坏的部件。曲辕犁充分展示了中华民族的创造力，不仅结构合理、实用高效，而且设计精巧、充满美感，是极具代表性的中国制造。

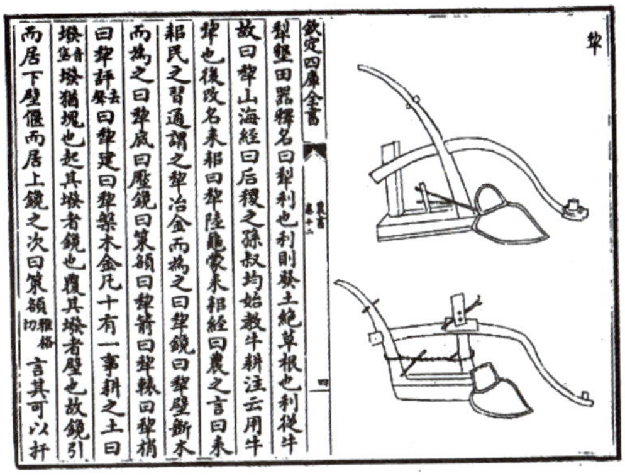
欽定四庫全書　農書 卷十二

犁墾田器釋名曰犁利也利則發土絕草根也利從牛故曰犁山海經曰后稷之孫叔均始教牛耕注云用牛犁也後改名耒耜曰犁陸龜蒙耒耜經曰農之言曰耒耜民之習通謂之犁治金而爲之曰犁鑱曰犁壁斲木而爲之曰犁底曰壓鑱曰策額曰犁箭曰犁轅曰犁梢曰犁評去聲曰犁建曰犁槃木金凡十有一事耕之土曰墢音伐墢猶塊也起其墢者鑱也覆其墢者壁也故鑱引而居下壁偃而居上鑱之次曰策額雅格切 言其可以扞



关于犁的文献记载
（元·王祯《农书》）

# 播

（金文）

趣写古汉字

**率时农夫，播厥百谷。**

——《诗经·噫嘻》（节选）

《说文解字》："播，种也。""播"的字义就是撒布种子的种植方式，这是农事劳作的一个关键环节。这个字的金文字形如上，左边是"釆（biàn）"（像兽爪形状），右边是"攴（pū）"（像手里持木），两部分合起来，这个字的意思就是：将手里的庄稼种子，像兽的爪印一样种到地里。所以"播"字便有"播种"的意思。

那人们为什么要按照兽爪的印记来播种种子呢？我们不得而知。但是按照我们民族的传统思维，大概可以推测其中原委。自古以来，国人就崇尚"天人合一"，这个"天"既是指自然界的万事万物，又是指抽象的崇拜与信仰。人们要认识事物，立足安身，需要从"天"那里得到启发，又要从自身处找到印证，采用的是"近取诸身，远取诸物"（《易传·系辞下》）的方法。这样，外在"大宇宙"与自身"小宇宙"才能相通，一切也都符合天道规律。也许是在很久以前的某一天，人们发现前一天刚整平准备种植谷物的田地，被野兽踩上了爪印，坑坑洼洼，密密麻麻。人们正好可以将种子埋进爪印之中，顺势覆土即可。这些天赐的印记，似乎还暗含着某种规律，大概是上天对人们的奖励。于是，这种兽爪便成为播种的依据。以上所说，只是一种推测和想象，但可以肯定

## 粮语

『播』，是希望的开始，当人们把种子放入土里以后，生命的奇迹便开始孕育。种子因为有了人们的精心呵护，扎根在了肥力更丰厚的土壤之中，生命的力量更加旺盛。人们因为有了对种子的期待，用最虔诚的双手将种子播种下去，等待未来破土而出的那一刻。人与自然在用心对话，和谐共处。人类的智慧又与自然的伟力交相辉映，相得益彰。

的是，“播”字里保留了人们对自然的敬畏和崇拜。

千百年来，人们积累了丰富的播种经验和技巧，凝结了世世代代的聪明智慧。我们现在来看，播种方式大体上有撒播、条播和点播三类。撒播是将种子均匀地撒于田地表面，这是一种古老而粗放的播种方式，简便省工，比如水稻就这样播种。条播是将种子成行地播入土层中，种子分布均匀,便于人们除草、施肥等管理，效率较高，小麦、大豆、高粱多采用此方式。点播又称穴播，即每隔一定距离开穴播种，能保证株距和密度，多用于玉米等作物。无论哪种播种方式，人们都是在掌握作物习性的前提下，因地制宜，充分利用地力、光能，合理进行栽培管理，促进作物生长。后来，人们又发明了播种农具，最具代表性的就是西汉赵过的“耧车”，多用于麦、粟等作物的播种。在人力或畜力的牵引下，耧车可以完成开沟、播种、覆土三道程序，极大地提高了播种效率和质量。为了种子的生长，此时的天、地、人、畜，是合而为一的。

# 秉

（甲骨文）

趣写古汉字

右手秉遗穗，左臂悬敝筐。

——唐·白居易《观刈麦》（节选）

“秉”，从甲骨文字形上来看，像一只手拿着一株禾苗。与“秉”字形相似的，还有“兼”字，手里拿的是两株禾苗。

两个字有可能描绘的是“插秧”这一劳作场景。插秧主要用于水稻种植。由于水稻种子多采用撒播的方式，种子之间不够均匀，当秧苗长到一定程度之后就会比较拥挤。为了让水稻生长得更加充分、伸展，农民就会把秧苗重新插入田里，确保每株之间有适宜的生长距离，叶子能够得到足够的光照。传统插秧的方法，我们能从“秉”和“兼”中找到痕迹。

插秧场景

粮语

能有所『秉』，是很难得的。在农作中，有禾可秉，说明勤劳之后有成果。在生活中，我们可秉持的，或理念，或原则，或信仰，都能够造就出独到的自己，形成特有的『秉性』，让我们更有存在感和价值感，这就是在人生意义上的丰收。

另外，这两个字也有可能展现的是丰收的景象。经历漫长等待之后，谷物终于结穗成熟，人们喜气洋洋地去收获劳动成果，满心自豪。他们手上的动作，一定是利索有力的，曾经所有的劳累和坚韧都转化为此时迅捷又痛快的收割。有的人还能一手握住两株最粗壮的禾秆，高高举起向邻家的朋友们挥舞起来，几个人对视一笑，分享着此刻的幸福和喜悦。

不管是插秧还是丰收，可以确定的是“秉”“兼”二字都起源于农作过程，与粮食种植息息相关，仿佛还散发着乡间泥土的清新气息。后来，它们又都在本义的基础上引申出一些抽象的字义，应用在人们生活中。“秉”字引申出“手持”的含义，比如“秉烛夜游”；还有“掌握”“坚持”等含义，比如“秉公执法”。而“兼”字则有了“同时”“整体”的意思，比如“兼听则明”；还有“加倍”的意思，比如“风雨兼程”。

我们生活中很多汉字都带有原始农耕文明的基因，它们记录了祖先的生活智慧，传承着中华民族优秀传统文化，为我们快节奏的现代人带来了悠悠古音、浓浓乡情。“秉”“兼”二字便是很好的例子。

# 灌

（小篆）

趣写古汉字

**江水灌稻田，饥年稻亦熟。**

——唐·刘驾《江村》（节选）

“灌”“溉”“浇”三个字意思相同，都指为作物和土地补充水分，达到抵抗干旱、提高产量的效果。从字形上看，三字都是形声字，“氵”是它们共同的表义偏旁，而“雚”（表示一种草或鸟）、“既”（表示人吃完饭的样子）、“尧”（表示高大）既表读音，也有表义的作用。

对水的合理利用和有效控制，是发展农业的关键。没有水的浸润，或者水泛滥不止，绝大多数粮食作物都会在旱灾和水祸中灭绝，人类的生存也将受到极大影响。我国是一个农业大国，水利灌溉是农业乃至国民经济的命脉，自古以来被视为安邦、富民的战略举措。我们的祖先因地制宜、借势而为，利用实践经验发明创造了很多水利技术和治水方法，确保了农业以及生活用水的稳定，也成为中华农业文明的重要组成部分。

水利灌溉主要有三方面功能：一是取水，浇灌作物。浅水可以直接取来灌溉，使用戽（hù）斗、筒车等工具，而地下水则需要凿井并使用取水设施，比如桔槔（gāo）、辘（lù）轳（lu）、井车等。二是蓄水，储备水源，比如堰坝、陂塘、水门等。三是排水，防止水涝，比如开凿沟洫等。在人们的这些发明创造中，小规模的是排灌工具、设备，能帮

关于辘轳的文献记载（明·徐光启《农政全书》）

## 粮语

「灌」「溉」「浇」的偏旁，很有意味。有了水，萑苇丰茂，白萑群集，这是「灌」之利；有了水，粮食丰产，餐足既饱，这是「溉」之效；有了水，人民富饶，德比尧舜，这是「浇」之功。上善若水，乃利万物。

助一个区域内的人们解决现实生产问题；大规模的就是水利工程、系统，在更大范围内造福人民、改善生态，功不可没。

我国幅员辽阔、历史悠久，向来不缺乏震古烁今的伟大工程、文明奇迹。比如有被誉为“中国古代四大水利工程”的郑国渠（位于西安）、芍陂（位于安徽）、都江堰（位于四川）、灵渠（位于广西），以及被选入“世界灌溉工程遗产”的四川东风堰、浙江通济堰、福建木兰陂、湖南紫鹊界梯田、浙江诸暨桔槔井灌工程、安徽芍陂、浙江它山堰、陕西郑国渠、江西槎滩陂、浙江溇港、宁夏引黄古灌区、陕西三堰、福建黄鞠灌溉工程。它们从诞生的那天起，就一直惠泽着中华大地，哺育了华夏儿女，更反映出我国人民的创造智慧和人与自然和谐共生的关系，至今对人们的生活仍发挥着重大作用。

# 井

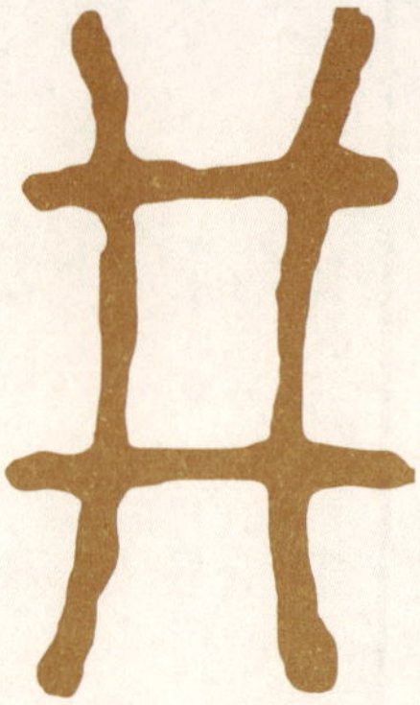

（甲骨文）

趣写古汉字

古者穿地取水，以瓶引汲，谓之为井。

——唐·孔颖达《周易正义》（节选）

“井”是个象形字，从甲骨文到楷书字形，都像是水井上面四周的木栏，作用是防止人或畜落入井中。个别金文在中间加上了圆点，借以凸显井中的水。总之，“井”字如同水井的造型和功能一样，千百年来几乎没有变化。

井的原理就是穿凿地面至一定深度，汇集地下水，再利用工具将水汲取上来。据说春秋时期以前人们拿着容器下到井里去取水，后来发明了桔槔、辘轳等工具，人站在井边就可以取到井下的水。桔槔最早见于《墨子》，是利用杠杆原理的汲水工具。井上方有一根细长的杠杆，中间有支点，两端分别悬挂水桶和重物。当水桶进入井下以后，另一端重物在重力作用下会将水桶提拉上来，达到取水省力的效果。辘轳则是利用轮轴原理。人们在井的上面竖立井架，并安装上可转动的轮轴，再缠绕上系有水桶的绳索。当摇动手柄时，水桶在轮轴的牵引下会起起落落，提高了取水的效率。这两种汲水工具结构合理，适用范围非常广，蕴含着我们祖先朴素的科学智慧，延续了几千年。

在气候较湿润、水源较充沛的地区钻井取水并不难，甚至家家户户都可以打一口井。但是在干旱地带打井就不容易了，需要攻克水源不足

**粮语**

一口井，一生情。人的一生会见到很多人，遇到很多事，物是人非也是常态。然而门外的一口井，却是陪伴一生的清凉与甘爽，是舌尖上的永久记忆。当人们要离开家乡时，最无奈的是『背井』之伤。

以及蒸发过快的天然难题。不过两千年前我们的古人就想出了办法，留下了举世闻名的成功案例，其中最有代表性的就是“坎儿井”。坎儿井，是“井穴”的意思，始创于西汉时期的新疆地区。新疆土壤多为沙砾，渗水性很强，地面水源不足，但地下储量惊人。所以，汲取地下潜水来进行农田灌溉和居民用水，是当地人民最重要的方法。

坎儿井特别之处在于将井与渠联通在一起，形成了一个灌溉系统，利于把地下水引至地面灌溉农田。具体来说，它由竖井、暗渠、明渠和涝坝四部分组成。人们先沿着地势凿出深浅不等的竖井，然后在井底修建暗渠，将各井连接起来。当暗渠流出地面后就成了明渠，人们再据此修建蓄水池，称为涝坝。坎儿井能够有效避免水分大量蒸发，保证自流灌溉，确实非常巧妙，17世纪后这一技术传到了中亚和波斯地区，为那里的人送去了甘甜的井水。

有井的地方，必然有人；人多的地方，必然繁荣。所以，后来人们把人群交往密集、财物流通频繁的地方称为“市井”，可见“井”不仅浇灌了人们的生活，还见证了社会的发展。

# 渠

（金文）

趣写古汉字

泽兰侵小径，河柳覆长渠。

——唐·王勃《郊兴》（节选）

“渠”最早见于金文，是一个形声字。“水”表字义，“柜（jǔ）”表字音。《说文解字》：“渠，水所居。”清代的文字学家王筠解释说：“河者，天生之；渠者，人凿之。”“渠”指的就是人工开凿的水道，用于灌溉。最著名的渠，要数“郑国渠”了，它是一个以战国时期韩国水利专家“郑国”命名的渠，建在秦国（今西安）。话说郑国渠的建成，始于一个适得其反的计谋。

战国末期时，群雄争霸，兼并战争十分剧烈。各国中实力较强的是秦国，对东方齐、楚、燕、赵、魏、韩六国虎视眈眈。韩国是秦国的东

郑国渠

## 粮语

『水到渠成』是我们常用的成语，意思是水流到的地方自然成渠，比喻条件成熟，事情自然会成功。然而需要注意的是，要让『水到』，靠被动地等待和观望是不行的，需要前期主动地投入，努力去改造环境，创造条件。正如郑国一样，需要积十年之功，才能惠泽万世后代。

邻，国力衰微，随时都有可能被秦并吞。公元前246年，韩桓王为了削弱秦国，使其无力进行东伐，采取了“疲秦”策略。他派当时著名水利专家郑国赴秦国，企图游说秦国穿凿大型灌溉渠道。表面上看，这个策略是为了发展秦国农业，其真实目的是要耗竭秦国实力。

这一年秦王政刚刚登基，满怀豪情壮志，本来就想大力发展水利，以提高秦国的粮食产量，增强自己的经济力量。于是郑国建渠的建议很快就被采纳。雄才大略的秦王政立即调集大量的人力和物力，任命郑国主持兴建这一工程。在施工过程中，韩国的阴谋败露，秦王政大怒。郑国说：“始臣为间，然渠成亦秦之利也。臣为韩延数岁之命，而为秦建万世之功。”（《汉书·沟洫志》）秦王政为了实现“万世之功”，对郑国既往不咎，仍然加以重用。后来经过十多年的努力，全渠完工，人称“郑国渠”。渠中的水质含泥沙量较大，用其进行灌溉，对农田很有益处。自此，关中地区农业生产面貌大大改观，土质肥力明显增加，原来雨量稀少、土地贫瘠的秦国迅速发达起来，变得富庶甲天下，为统一全国奠定了坚实的物质基础。并且，郑国渠也开了引泾灌溉的先河，对后世引泾灌溉有着深远的影响。2016年，郑国渠成为“世界灌溉工程遗产”。

# 茂

（小篆）

趣写古汉字

弗厥丰草，种之黄茂。

——《诗经·生民》（节选）

“除去丛生的杂草，种上嘉禾，期待能生长茂盛。”以上是《诗经》里描述的农作场景。唐代孔颖达对这句诗的解释是：“既去其草，于此地种之以黄色而茂盛者，谓黍稷之谷也。”“黄茂”就是指代生长茂盛、叶穗金黄的谷物，这既是客观描述，又是美好期望。

“茂”是草木繁盛的样子，代表着生命力。对于以谷物为生的人来说，自然最期盼在自己的辛勤耕耘下，一株株禾苗能够茁壮成长、枝叶繁茂。“茂”字上面是“艸”，下面是“戊”。“戊”原指古代长柄宽刃的斧子，这里用于形容谷物长得“高大、挺直、丰茂”。

谷物的生长自有其规律，要长得茂盛也是受多方面因素的共同影响，天时、地利、人力都非常重要。在提高土地生产效率方面，人们倾尽其力，除了采用精耕细作技术之外，还认识到施肥是改善土壤环境的有效方法，所以自古我国就很注重对肥料的使用。

在我国古代文献中，肥料被称作“粪”，比如“孟子曰：人知粪其田，莫知粪其心；粪田莫过利曲得粟，粪心易行而得其所欲”（西汉·刘向《说苑》）。句中“粪其田”是为农田施肥，“粪其心”就是为心灵施肥，即“养心”的意思。“粪”的本义即人的丢弃物，然而对作物来说，又成

## 粮语

『茂』意味着欣欣向荣，是人们的美好追求和祈愿。但是美好不会一夜实现，而是需要过人的忍耐、坚持和不懈的努力。『无望其速成，无诱于势利，养其根而俟其实。』（唐·韩愈）那些『风华正茂』的人，在此之前一定是经受过漫长暗淡『粪其心』的煎熬。

了营养物。

肥料的应用经历了漫长的发展过程，最初就是用腐烂的杂草作肥料，后来又用人和畜的排泄物等。到了明清时期，史料中记载的肥料已达到130多种。从现代化学角度来说，肥料大体可以分成有机肥料和无机肥料两种。有机肥料大多比较“天然”，用作物秸秆、人畜粪尿、草木灰、河塘污泥等制成。无机肥料需要经过较复杂的加工，大多来源于矿产的自然沉淀，常见的有石灰、石膏、食盐等。“用粪犹用药”，肥料能够为作物提供营养元素，改善土壤性质，提高土壤肥力水平；然而也并非越多越好，人们在生产实践中总结出很多经验，因地制宜，对症施肥。有那么多的肥料种类，正说明了人们对气候特点、土壤类型和作物特性的研究深入细致，满足了环境多样性和作物个性化的需要，都是人们智慧的结晶。

# 荒

（小篆）

趣写古汉字

**荒岁儿女瘦，暮途涕泗零。**

——唐·杜甫《桥陵诗三十韵，因呈县内诸官》（节选）

《说文解字》："荒，芜也。""芜"字从字面看就是"没有草木"的意思。"荒"与其同义，表示"未加整治、无人耕种的地方"，又指"年成不好、粮食歉收"。其中，"巟（huāng）"字本身有"广大"的含义，为"荒"营造出遍地苍凉的气氛。

与"茂"字相反，"荒"是人们的灾难，也是农耕文明的忌讳。导致"荒"的原因有很多，其中自然灾害是最具威胁的。自然灾害也有很多种，比如旱灾、水灾、虫灾、火灾、风灾、雹灾、震灾等，对农业生产影响极大，轻则使农业歉收，重则无收，千百年来人们深受其苦。而这当中又以水灾、旱灾、虫灾最为常见。

"大禹治水"是我们最熟悉的古代神话传说之一，讲的就是在洪水泛滥的危急时刻，黄帝的后裔大禹英勇地率领民众与洪水作斗争，最终获得胜利的故事。可见，水灾是最早也是影响最大的自然灾害。而大禹从他父亲鲧治水失败中汲取了教训，变"堵"为"疏"，"三过家门而不入"，历时13年终于完成治水大业，成为人们敬仰的圣贤，足以说明治水之难与大禹的功劳之大。

旱灾则是由于数月不降雨、土壤水分不足、农作物的生长需要无法

荒地

## 粮语

在自然灾害面前，人类显得很乏力，然而又很倔强。为了持续生存发展，为了防止田园荒芜、劳动荒废、人间荒凉……人们百折不挠、顽强不屈地与灾害作斗争，展现出强大的毅力和卓绝的智慧。

得到满足，导致较大减产甚至绝产。其危害极为严重，一旦发生就会长时间延续，并且灾害范围很广。我国旱灾频繁，常见于史书的记载。比如唐天宝末到乾元初年间，连年大旱，以致瘟疫横行，出现过“饿殍遍野人相食”的悲惨景象，全国人口由原来的5000多万降为1700万左右。新中国成立后，旱灾仍频发。1959—1961年的三年严重困难，至今是一代人挥之不去的惨痛经历。有效防止旱灾的方法就是兴修水利，发展农田灌溉。

民间有“旱极而蝗”的说法，通常随着旱灾而来的，是虫灾。干旱的天气有利于蝗虫的繁殖，虫灾泛起的时候，遮天蔽日，所经之处，农作物全部被啃噬。据明史记载，明万历四十四年（公元1616年）山东、山西等十多处发生了大范围的虫灾，农民看到残败不堪的农作物，跪地大哭，甚至上吊自缢。虫灾治理的方法，是提高植被覆盖率、喷洒药剂以及保护蝗虫的天敌鸟类等。

至于其他气象、地质灾害，多超出人类能力范围，治理可能性小，还是以防御为主。

# 粮之精

## 粮食加工

# 精

（小篆）

趣写古汉字

食不厌精，脍不厌细。

——《论语·乡党》（节选）

《说文解字》："精，择米也。""米"，表示字义，说明该字与稻米相关；"青"表示字音，同时含有"美好""纯净"的意思，也兼表字义。"精"的本义是指"经过拣选的纯净好米"，后来引申为"精致""纯粹""精华"等含义，代表事物中更好的、很重要的部分。

"精"字产生于粮食加工的过程中，代表了人们对食物的更高追求。粮食加工由来已久，是生活之必需。谷物糙米坚硬难煮，粗涩难咽，味道也不好，必须要经过一定加工后才可食用，因此相关的用具和技术应运而生。

大约在距今一万年前的新石器时代早期，我国北方地区就出现了石磨盘和石墨棒，用于加工谷物。新石器时代中晚期，杵、臼等成为主要粮食加工工具。再之后，人们对杵、臼进行了技术改造，发明了以畜力、水力为主要动力的碓等工具。东周末期，石转磨被发明出来，此后得到普遍使用。唐代时还出现了最早的营利性磨坊。元代初出现了利用风力进行谷物制粉连续加工。明清后粮食加工在质量、规模上有了更大的进步，有了专门的粮食加工作坊。鸦片战争后，以洋务运动为契机，近代机器工业出现，逐步推动了粮食机器加工的新进程。新中国成立

**粮语**

去粗取精，是人类生产实践的必然选择；精益求精，是人们发展进步的主动追求。任何事物在初创阶段，都是粗线条的，解决的是从『无』到『有』的问题；而到了一定阶段，就要实现从『粗』到『精』的转变。『精』是一种对质量的更高要求，永无止境，也永无极限。

后，我国粮食工业大发展，技术设备不断改进，粮食加工水平极大地提高，满足了人们对粮油产品的多样性需求。

除了粮食基础加工技术之外，烹饪技术作为更“精”一步的粮食加工程序，也取得了相当大地进步，不只是技术层面上的优化，更多的还是与文化风俗上的大繁荣有关。

民以食为天，食以安为先。随着粮食加工用具和技术的不断演进，人们彻底告别了“茹毛饮血”的原始生存状态，掌握了改善饮食条件的能力。并且制作出的食品质量越来越高，种类也越来越丰富，这对于人类增强身体素质、提高生活品质、孕育饮食文化，有着重要的意义。可以说，粮食加工的能力，就是生产力，能够直接推动人类社会的发展。

# 舂

（甲骨文）

趣写古汉字

**黑黍舂来酿酒饮，青禾刈了驱牛载。**

——唐·曹邺《田家效陶》（节选）

《说文解字》："舂（chōng），捣粟也。""舂"指的是把谷物放在臼里捣去皮壳的动作。从甲骨文的字形来看，"舂"字由三个部件组合而成，下半部分是一个"臼"；上半部分是两只手，中间握着一根"杵"。

臼，是中间凹陷的器皿，作用是盛放东西；杵是上细下粗的棒子，作用是捣碎东西。《论衡·量知篇》里说："谷之始熟曰粟。舂之于臼，簸其粃糠"。农田里收获的成熟谷物，还不能直接食用，需要经过一系列的加工才行，而剥除谷壳就是最主要的一步。"舂"这个字直观展现了粮食加工最原始、最基本的方法。

在我国新石器时代遗址中，发现有许多杵和臼，距今约有7000年的历史。《易·系辞下》里有"断木为杵，掘地为臼。杵臼之利，万民以济"的表述，说明杵和臼自古就为生产劳动提供了便利，与人们的生活密不可分，至今也是居家常备的工具。

在千百年粮食加工的实践当中，人们对杵和臼的选材不断优化，从最早的木、石，到后来的铁、铜，甚至还出现了玉臼，工具变得越来越精致，文化意义也越来越多，然而它们的基本功能却一直没变。到了汉代，人们进行了技术上的改造，在杵的上面增加了一根木杠，人用脚或

**粮语**

大道至简，初心最诚。重复，是大自然运行的基本法则。寒来暑往、叶落冰融，那是自然在昭示人们要感受重复的力量；水滴石穿、绳锯木断，那是自然在启发人们要善用坚持的力量。为人处世，也不外乎这个法则：很多时候，不需要复杂，能保持初心、重复坚持下去就好。

者利用水的力量连续压踏木杠末端，前面的杵就会连续舂捣谷物，节省了人力，提高了粮食加工的效率。

“舂”的动作很简单，甚至有些枯燥，只需要手握住杵在臼里重复舂打即可。“舂”读作chōng，与“重复”的“重（chóng）”读音相似，两个字在音和义上都相近，大概不是偶然。这个像图画一样的古老文字，展现的工具虽然原始，描摹的动作虽然简单，但是它却为无数人奉献出一粒粒饱满光洁的谷粒，为人们带来真切可见的幸福！

石臼（民国，中国闽台缘博物馆）

# 磨

（小篆）

趣写古汉字

如切如磋，如琢如磨。

——《诗经·淇奥》（节选）

“磨”就是加工粮食的石磨，是最早出现的粮食加工工具之一。但是“磨”这个字出现得比较晚，溯源最早的字形就是小篆。从字形上看，这是一个典型的形声字，“石”表示字义，指材质；“靡”表示读音。后来该字简化掉“非”，保留了“石”与“麻”。

“磨”与“舂”的不同，体现在用力方向上。“舂”是上下捣，“磨”是前后磋。起初人们把谷物放在石磨盘上，再用石磨棒反复地“磨”，达到剥离谷壳的效果。后来人们对粮食加工的需求不断提高，依据“磨”的原理对石磨的工艺进行了改进，陆续发明了石碾、石转磨和砻磨。

石碾是石磨盘和石磨棒这对组合的升级版，把石磨盘改为圆形，把石磨棒改为滚动碾子，再利用人力或畜力反复碾轧，脱去谷壳。石转磨是由上下两片圆形石盘组成，通过两片石的转动，脱去谷壳并将谷粒磨成细粉。砻磨是专门的破壳工具，原理和造型与石转磨相似，但上部分多用竹木编成，相对轻薄，转动时与下部分的摩擦力小，因此仅起到破壳的作用。这些工具结构精巧、简单实用，被人们代代相传，至今在农村地区还能看到它们的影子。随着此类工具的广泛使用，人们的粮食生产效率大大提高，并且还实现了从人力、畜力到水力的动力改革，以及

## 粮语

西汉刘安在《淮南子》里说：『柔弱以静，舒安以定，攻大磨坚，莫能与之争。』对待难关，他用了『磨』字。『磨』，不是铿锵有力地对抗，而是柔弱舒安地消耗，如同水一样，至柔又至刚。所以，毅力的另一种说法是『软磨硬泡』。

从脱壳、碎粒到制粉的精细加工。

工具的工艺、技术总是在不断地改进，但其中蕴含的原理却一以贯之、古今未变。对中国人来说，“磨”不仅是粮食上的碾磨，更是精神上的磨砺。我们从小就听过诗仙李白受到老婆婆的教诲：只要功夫深，铁杵磨成针。从“杵”到“针”，从“谷”到“粉”，都要经历“磨”的过程。因此“磨”就是“毅力”的象征，也是中国贤人君子自我历练的必由之路。

“磨砖成镜”在古时比喻徒劳无功，因为“砖”比较粗糙，而“镜”又极端精细，在“砖”与“镜”之间似乎有着不可逾越的鸿沟。然而，那只是在古代，现如今这完全不是什么难题，因为通过技术就能够解决。当人们有了足够的毅力，再加上成熟的技术，真是无往不胜！

# 扬

（金文）

趣写古汉字

**大风扬积雪击面。**

——清·姚鼐《登泰山记》（节选）

“扬”（繁体为“揚”），它的金文字形由左上的“日”、左下的“玉”和右边的“丮（jǐ）”（表示“持握”的意思，与“手”字同义）构成，描绘的场景是在阳光照耀下，一个人双手高举着玉石。所以“扬”的本义是“高举”，后来引申出“扬起”“颂扬”“弘扬”等含义。

在粮食加工领域，“扬”是重要的一个环节。当人们通过舂、磨等方式将谷壳压碎之后，还需要把杂物分离出来，只保留谷粒，这时就要用到“扬”了。“扬”的原始方法是将谷粒和谷壳一同向上扬起，利用风的力量将密度较小的谷壳以及瘪粒吹走，落下来的就是纯粹的谷粒。所以“扬”又可以写成“飏”，《说文解字》里解释“飏”为“风所飞扬也”，更凸显了风的作用。后来，人们发明了专门的工具，比如风车、风鼓、飏扇等扬谷设备，都可以通称为“飏”。

大概在西汉时期，我国出现了风车，由车架、外壳、风扇、喂料斗及调节门等构成。人们将谷物放入喂料斗，然后摇动风扇形成气流，并且调节进风量，控制风力。谷壳及杂物会被风吹出风车外，而谷粒则会落下并被收集起来。这种风车在世界农具史上曾是“高新科技”，后来人们不断进行着技术更新。如今，农业上使用的脱粒机等现代化设备，尽

## 粮语

扬是向外的动作，但目的是对内的考验。轻飘者，被扬之后，随风而逝；饱满者，被扬之后，默默沉淀。籽实与糠秕原本为一体，但由于内在质量不同，最终高下立见。所以，在丰盈和充实面前，外露、轻佻显得有些可怜。

管实现了机电化，效率更高、效果更好，但我们仍能从它们身上看出两千年前风车的影子。

通过“扬”的工序，人们提高了谷物的利用率和精米的出品率，为提升饮食质量打下了良好基础。试想，如果没有这一步，我们现在碗里的米饭还要掺杂着糠秕，估计很多人是难以下咽的。

关于飏的文献记载（元·王祯《农书》）

# 筛

（小篆）

趣写古汉字

春雪堕如筛，浑家醉不知。

——北宋·王安石《春雪》（节选）

“筛”字出现得较晚，其原型是“簁（shāi）”。两字都是形声字，上面的“竹”表示字义，说明是竹制品；下面的“师”和“徙”表示读音。“筛”字的本义就是“筛子”，一种为谷粉去渣、去石的过滤农具。

随着饮食文化的发展，人们通过石磨把谷粒磨成粉状物的做法越来越普及。但石磨毕竟是由两块石盘组成，中间不可能做到严丝合缝，碾磨时谷粒受力不均，磨出来的粉末会粗细有别。并且，在粮食加工的过程中也很难做到糠秕、沙砾等杂物完全不混入。所以，此后就需要用筛子将粗的谷粒和杂物分离出来。

筛子一般是圆形，外围由竹片圈成，中间置入细密的筛网，筛网之上盛放谷粉。人们手持筛子轻轻晃动，粗渣随即抖动起来，被隔离在网的上面；而缓缓漏下的，就是筛出的精华。家用的筛子常用来筛选面粉，所以人们又称之为“面箩”（“箩”与“筛”的结构相似，含义相仿，两字可连用为“箩筛”）。当面粉需求量较大的时候，人们又发明了利用水力的机械化面箩工具——水击面箩。这种工具最早的记载见于元代王祯写的《农书》，其工作原理是：在面箩下悬挂面箱，用于收集面粉，再用竹竿把面箩与水轮相连。当水流冲击水轮时，水轮的转动会带动面箩

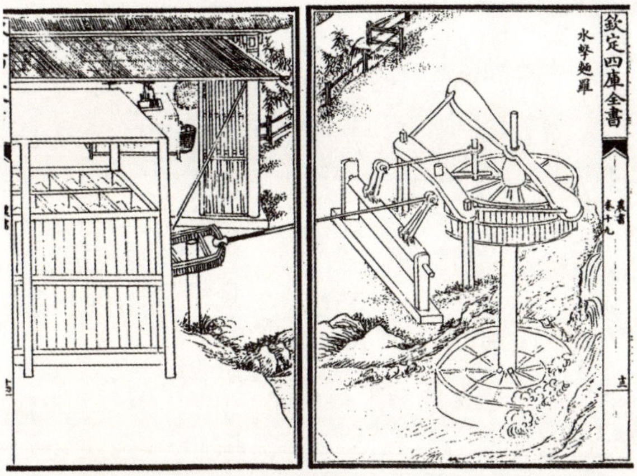


关于水击面箩的文献记载（元·王祯《农书》）

**粮语**

粗粉与细粉本是同源，但通过筛网的过滤，粗糙者被淘汰掉。可见，精细者，胜在细节。然而落细落小又不妨碍其聚合成大。此所谓『天下大事，必作于细』

往复摇摆，这样面粉就会被筛选出来。

筛面粉的工序虽然比较简单，但是意义非凡。它代表了人类对于粮食加工精细化的要求，意味着人们由“吃饱”向“吃好”的转变。面粉细腻，可以混合后进行塑形，给人留下充分的发挥空间。由此人们创造出形形色色、花样繁多的食品，展现出华夏儿女丰富的想象力和创造力，也孕育出博大精深的中华饮食文化。

# 榨

（小篆）

趣写古汉字

**黄萼裳裳绿叶稠，千村欣卜榨新油。**

——清·乾隆《菜花》（节选）

俗话讲，“开门七件事，柴米油盐酱醋茶”。在条件允许的情况下，老百姓都希望能过上更有滋味的日子。油作为主食重要的辅料，能够丰富食品的味道和营养，在人们的生活中占据重要的地位。古代麻、大豆等油料作物起初主要作为粮食用，因此榨取的植物油直到汉代以后才出现。“榨”字是个后起字，在小篆以前的字体里没有发现此字的踪影。但是含有“压榨”意思的“笮（zhà）”字出现得比较早，当是“榨”字的前身。

“笮”字的本义指一种古代建筑构件，是铺在屋瓦和房椽之间的竹制席子。由于所处位置很狭窄，因此含有“逼仄”的意思，后来引申出“压榨”的含义。之后出现的“榨”字，沿用了“压榨”字义，表示一种挤压出物体汁液的工具。“木”说明该工具是木制的，“窄”既表读音，又强化了“挤压变窄”的字义。

最初榨油的方法与舂米类似，但出油量不高。后来人们又改进了工艺方法，发明了多种榨油工具，主要有下列几种：一是杠杆榨油法，在原始舂榨法的基础上，利用杠杆加压原理挤压油料，这种方法能够节省力气，提高出油效率；二是水煮取油法，是用大锅水煮油料，使油脂浮出水面，然后将油提取出来；三是蒸料取油法，利用大锅蒸出油料的油

关于打油场景的文献记载（明·宋应星《天工开物》）

**粮语**

油是植物内潜藏的精华，但不会自己产出，必须要有外部『榨』的施压。压力就是动力，动力创造价值。能扛得住压力，敢于淘汰陈腐、破旧立新的，才足够珍贵。

脂，分离油与料渣；四是小磨榨油法，如同制粉一样用磨具反复碾磨，制取香油；五是榨具取油法。元代王祯《农书》和明代宋应星《天工开物》里分别出现了卧式和斜卧式榨具，这两种榨油工具均为人工用力撞击或锤打，民间俗称为“打油”。一般撞击榨油使用的是重约300斤的石质或铁质吊锤，用双手紧握锤绳撞击木榨。锤打榨油使用的是15～60斤不等的铁锤，人们不断锤打木楔子，把油挤压出来。

以上只是榨油方法的概述，其实传统榨油的工序是比较复杂的。从“风车除杂”“炒锅煸香”“上槽碾末”“稻草蒸煮”，到“包饼进榨”“沉淀沥油”“木槌冲压”“存放制成”，每一步流程都有严格的要求，成为我国独有的传统民俗工艺，是珍贵的文化遗产。

# 酿

（小篆）

趣写古汉字

**酿泉为酒，泉香而酒洌**

——北宋·欧阳修《醉翁亭记》（节选）

有的粮食是用来吃的，有的粮食是用来喝的。吃的粮食主要是为了饱腹，而喝的粮食显然是人们生活水平提升的标志。“有饭之尽，委之空桑，郁积成味，久蓄气芳。”（晋·江统《酒诰》）当人们生活富足，有了剩饭，便把它们放在温暖潮湿的桑树林中，久而久之便酝酿成了液体形态的粮食——酒。而“郁积”“久蓄”的过程，就是造酒的重要方法——酿。

“酿”是“釀”的简体字。《说文解字》：“釀，酝也，作酒曰釀。”从“釀”字的小篆字形来看，它是个形声字：“酉（yǒu）”表字义，表酿酒的容器；“襄”表字音，同时又含有“帮助”“上升”的意思，表示酿酒时需要一定外部环境的辅助，如温度、湿度、酒曲等，所以也兼表字义。“酿”的本义就是发酵酿酒。另外，“酝”“酵”等字，与“酿”是同义字。

经考古发现，我国在新时代晚期就出现了酒器，而到了夏朝和商朝时饮酒就已经很普遍了。尤其是从出土的商朝青铜器来看，酒器占据了2/3。商纣王嗜酒成疯，暴虐无度，最终导致亡国。后来周朝引以为戒，曾一度禁酒，但随着粮食生产水平的提高，酿酒的数量仍然有增无减。《诗经·伐木》中有“有酒湑我，无酒酤我”的诗句，意思是“有酒就让

**粮语**

酒越陈越香。与其说酿的是酒，不如说酿的是时间，这是耐心积淀的结果。有些事情最怕着急，一着急，就漂浮涣散，便索然无味。有时候，慢慢来，比较快。

我喝，没有就去买”，可见酒在当时是较普遍的。

酿酒的工艺是从自然酿造到人工酿造进行演变的。最初的酒，是自然生成的果酒。人们发现以后，受到了启发，获得了灵感，逐步发明出以粮食为原料的人工酿酒方法。人工酿酒需要加些辅料，也就是酒曲。《尚书·说命》中记载：“若作酒醴，尔为曲蘖”。“曲”是酒母，又称酒曲，可以促进发酵；“蘖（niè）”是含糖的麦芽、谷芽，可以加快发酵。这种酿酒法可使酒化、糖化同步进行，互相催化，提高了酿酒质量和效率，是我国的一项发明。到了宋代以后，我国酿酒工艺进一步提高，出现了用铜器烧制蒸馏酒的方法，现在享誉国际的“中国白酒”就是用这种方法酿造的。

如今，酿酒工艺有了极大的进步，无论在酒的口感、色泽、纯度还是在卫生标准、生产效率等方面，早已是传统酿酒法所无法比拟的。但不管技术怎样发展，“郁积成味，久蓄气芳”都是酿酒的核心工艺，会一直流传下去。

# 饪

（小篆）

趣写古汉字

## 失饪，不食。

——《论语·乡党》（节选）

“饪”是个形声字。“食”为部首，说明该字与食物有关；“壬（rén）”表示读音。《说文解字》：“饪，大熟也。”字的本义就是用火把食物做熟。

一个“饪”字，对人类而言具有划时代的意义。《礼记·礼运》里有记载，古者“未有火化，食草木之食，鸟兽之肉，饮其血，茹其毛……后圣有作，然后修火之利，以炮、以燔、以亨、以炙，以为醴酪”。火对于我们的祖先来讲，并不罕见。每当经历过自然灾变、天火熊熊之后，饥肠辘辘的人们都能凭着鼻闻目寻，在一片灰烬中找到被大火烧熟的飞禽走兽。相比于冷硬腐臭的生肉而言，这些熟肉实在是太美味了！然而人们却无法留住那稍纵即逝的最后一点火光，只好“望烬兴叹”。圣人的功劳，就是掌握了“修火之利”的方法。《韩非子·五蠹》：“有圣人作，钻燧取火，以化腥臊，而民悦之。”我国传说中的燧人氏发明了取火方法，为人们制作熟食打下了基础。在掌握了火之后，人们探索通过各种方式将生食做成熟食，标志着人类进入了熟食时代，也逐渐由野蛮社会过渡到文明社会。

根据考古资料我们可以得知，约在公元前6000年，我们的祖先就已经开始食用“大熟”的食物。在漫长的历史长河中，我国的烹饪技术不

## 粮语

由生到熟，是食物的质变，更是人类文明的飞跃。『饪』字里蕴含着『熟』的意义，对我们而言，可不单是一个口腹上的概念，而是一个令人向往的状态。我们希望做一个『成熟』的人，思考问题能够『熟虑』，掌握技能可以『纯熟』，身边的人都是『熟人』……在人生意义上，『熟』永远值得追求。

断发展，出现了煮、蒸、炒、炸、煎、熬等，创造出不同的食物口感，也丰富了食物的营养元素。除了火之外，推动烹饪技术发展的另一个技术因素是制陶和冶金工艺的进步，炊具种类不断增多，比如有鼎、釜、鬲（lì）、甑（zèng）、甗（yǎn）等，既为人们制作多样的熟食提供了便利，也成为中华文化中独具特色的重要部分。

如今，当我们走进博物馆，看到有着近万年历史的原始炊具时，是否可以感受到那炊烟袅袅、繁忙又纯粹的生活气息呢?

# 烹

（甲骨文）

趣写古汉字

## 治大国如烹小鲜。

——东周·老子《道德经》（节选）

“烹”是后起字，其原型是“亨”。“亨”和“亯（xiǎng）”是同一个字的两种写法，甲骨文像一个屋宇的形状，是祭祖的地方。《说文解字》解释“亨”为“献也”“进熟物形”，本义就是向先祖进献熟食。古代人们制作食物，除了满足日常生活所需之外，还有一个非常重要的目的，就是用于祭祀。《周礼》中有一种官职称作“亨人”，职责就是为祭祀准备熟食，用现在的眼光来看，就是御用厨师长，主要负责掌握好制作食物的火候与水量，调节好食品的味道。可见，人们对祭祀食物很重视。

“烹”是在“亨”字的下面加上了“火”字底，凸显了“制作熟食”的意思。宋代的《集韵》一书里说：“烹，煮也。”提到“煮”，我们非常熟悉，对理解“烹”很有帮助。“煮”起源很早，大概在商朝之前就已经出现，直到现在也是生活中最常用的烹饪方法之一，操作起来简单方便，人们广泛使用。它的基本原理就是将食物放入水中，通过火对器皿的加热，使水沸腾，并将食物煮熟。由此可见。“烹”是一种需要水、火及原料相配合的食物制作方法；并且它的出现至少要满足一个前提，那就是有可盛水、耐火烧的炊具。起初人们吃熟食，尤其是肉食，用木枝叉住生肉在火堆上烤即可。但粮食却不便于直接火烤，因为极易烤煳甚

## 粮语

从『烹』出现以后，水成为人们烹饪中的新要素，并且发挥着至关重要的作用：一方面是传导热量，便于加热食物；另一方面能调节味道，以其无形来浸润食物，以其无味来调和五味。美味的食物是我们的所求，但不能忘记水在其中的所予。

饕餮纹陶鬲
（商，辽宁省博物馆）

至碳化，以致人类无法食用。然而当人们发明了专门用于烹煮食物的炊具以后，“烹”就有效解决了这一难题。所以“烹”的方法，是人们在饮食制作上的一大突破，与前文提到的“饪”（表示“做熟”的意思）相比，又上升了一个台阶。现在我们说“烹饪”，指的是既要把食物做熟、可食用，又指要做好、宜食用。

在所有的烹饪技法里，“烹”制出的食物是比较清淡的。但是，清淡才能品尝出本真的滋味，才能展现出对水火掌控的功夫，此所谓“大道至简”。所以，圣君贤人从“烹小鲜”中悟出“治大国”的道理：国家的长治久安，正在于承担天命，保持本性，顺应民心，协调各方，这样社会才能和谐美好。

# 蒸

（小篆）

趣写古汉字

气蒸云梦泽，波撼岳阳城。

——唐·孟浩然《望洞庭湖赠张丞相》（节选）

“蒸”是由“艸”和“烝（zhēng）”构成，本义是指用麻秆、竹木做成的火把，后来引申出“用水蒸气的热力加热食物”的意思。“蒸”字的这个引申义，源自于“烝”。从“烝”的小篆字形来看，它是“火”上有“丞”，“丞”有“帮助、上举”的意思，所以《说文解字》解释“烝”为“火气上行也”。

蒸和煮是我国古代最常见的烹饪方法，“殷周熟食之法，主要的不外蒸、煮二事”（郭宝均《中国青铜器时代》）。“蒸”不同于“煮”的地方是，加热制熟是以蒸汽为传热介质，食物不直接接触到水。这样的好处有三个：一是食物的汁液基本会保留在食物内部，不会大量挥发，同时营养成分不受破坏，香气味道也不会流失；二是蒸的过程中，不需要再翻动，食物的形状较为完整；三是受热均匀，水分充足，制熟后的食物质地细嫩、口感软滑。

蒸制食物需要将水和食物分离，这就需要有相应的炊具。古代的蒸器是对煮器的组合和升级，称为“甗（yǎn）”。“甗”是由上下两部分组成：上部分像平底锅，用于盛放食物，称为“甑”；下部分是“鬲”，用于煮水。甑和鬲之间有“箅（bì）”，用于通蒸汽。这种上下组合而成的蒸器，

## 粮语

大象无形，大音希声。真正蒸熟食物的，并非可见的水，而是无形的汽。汽，是一种氛围、一种环境，在无形无声中成为一种向上的力量。圣君应该也能像感悟『烹』字一样，从『蒸』中悟出治国理政的道理——聚民心如蒸生食。

有的是分别铸成的，有的是一体铸成的，设计精巧实用，充分展现了古代劳动人民的聪明智慧。如今我们用到的蒸锅，基本结构仍然是几千年前的模样。

当人们在蒸食物的时候，水泡翻滚、蒸汽腾腾，给人一种热闹兴旺的感觉，所以大家常用“蒸蒸日上”来表达事业进步、不断发展的繁荣景象。同时，用水蒸气加热的食物，全部被笼罩在热气之中，热量传导均匀；当器皿冷却时，水珠又繁多密集，所以“蒸”（或“烝”）又含有“众多”的意思，比如《孟子·告子》里有“天生烝民”的句子，指的就是“天下的众民、百姓”。

“蒸”最大程度地保留了熟食的原始形态和滋味，但这种烹饪方法却一点也不原始，因为人类学会了利用水蒸气，也发明了更加先进的复式炊具。可以说，看似简易的“蒸”，其实是粮食加工工艺上的巨大进步。

# 煎

（小篆）

趣写古汉字

本是同根生，相煎何太急？

——魏·曹植《七步诗》（节选）

相比于前文说到的“煮”和“蒸”，“煎”是一种更先进的烹饪方法，因为需要运用到食用油。“煎”字最初只见于小篆，从字形上来看，是个形声字：下部分的“火”表示字义；上部分的“前”表示读音，“前”又含有“贴近”的意思，正展现了“煎”这一烹饪方法的特点。

煎的方法，是在器皿中放入少许的油烧热，然后将食物平摊紧贴在锅中，利用慢火使食物熟透。煎制时，先煎好一面，再煎另一面，也可以两面反复交替煎，力求食物两面受热均匀一致。这样的好处是食物多呈金黄色，外表酥脆，还保留了原味，口感绝佳。煎的关键要素是使用的油量以及对火候的控制。如果对这两个要素做一些调整，那么就开辟出“炸”和“炒”两种新的烹饪方法。

“炸”是在“煎”的基础上增加食用油的使用量。“煎”的用油量以不浸没食品原料为宜，而“炸”则需要油完全没过原料，并且原料最好能够漂浮在油上，这样才能炸得充分。用这么多油，在古代是很奢侈的，这种烹饪方法一定是在物质文明达到较高程度的时代才会出现的，因此“炸”字出现得也比较晚。可以看出，“炸”是个形声字，表示字音的“乍”，发音短促有力，正来自于将原料投入热油时那一瞬间的声响。

## 粮语

每个人的生活，正如锅中的食物原料，需要经受多方面的磨炼。色香味俱全是大家的共同追求，但不同的原料也会面临不同的考验。烹饪方法似乎有它们的暗语：煎，是『坚』，坚韧、恬淡；炸，是『扎』，扎实、周到；炒，是『超』，超越、创新。

“炒”是在“煎”的基础上加大火力。“煎”是用小火慢慢将食物煎熟，而“炒”是把食物原料放入油中大火翻炒。在炒的过程中，油和火同时作用于原料，比较火爆，所以人们常说“爆炒”。“炒”字同样出现得比较晚，“少”表示字音，大概由于“炒”所用的时间较少，所以也兼表字义。

“煎”“炸”“炒”是按油与火不同的配合方式而形成的三种烹饪方法，既有共性又有各自独特的个性。通过它们制作出来的食品，也是形态各异、滋味多样，极大地丰富了我们的餐桌。

# 熬

（金文）

趣写古汉字

琉璃缸面熬琼粥，酿出珠宫白玉腴。

——南宋·杨万里《雪中登净远亭》（节选）

“熬”字下面是“火”，表示字义；上面是“敖”，既表字音又表字义。“敖”有“仓房”的意思，东西在仓房里通常要存放较长时间。借用此义，食物在锅中煎煮较久的烹饪方法，就是“熬”。另外，与“熬”意思相近的还有“炖”字。

生活中，我们熬制的食品有粥、汤等。“熬”的好处就是经过长时间的小火慢熬，食物原料的质地变得软烂熟透，宜于食用，内部的营养物质也会充分释放出来，便于人体吸收；并且味道也在保留食物原汁原味的基础上变得更加浓郁，广受人们喜爱。

就拿熬粥来说，粥熬好后，上面会浮着一层细腻、黏稠、形如膏油的物质，人们通常称为“米油”。一碗粥里面，“米油”是精华，最珍贵。中医认为，米经过熬以后，绝大多数营养会进入到汤汁中，具有很强的滋补作用，所以民间有“米油可代参汤”的说法。能把“米”吃出“参”的效果，“熬”发挥了关键的作用。

“熬”除了对人的身体健康有益，对人的心灵健康同样也有巨大的好处，甚至升华为一种人生哲学。有人说，人生是一场马拉松，不在于起点在哪里，关键看能否坚强地走完全程，顺利到达终点。在这漫长的过

## 粮语

熬，需要用小火持续地加热，在『慢』和『久』上见功夫。但这似乎又与现代快节奏的生活不相适应，也与追求效率的实用主义格格不入。不过，要出真味、成精品，还真是快不得，更停不得——快了，焦煳变质；停了，前功尽弃。『熬』告诉我们：重要的事情，尽管耐心去做，剩下的都交给时间。

程中，没有捷径可走，痛苦和挫折是避免不了的。我们要做的，就是勇敢地“熬”下去。“熬”是执着和坚守，在各种考验和挑战下，能守得住初心，耐得住寂寞，顶得住压力，熬得住苦难。就像米能熬出油一样，在岁月的历练下，平凡的生活也能熬出精彩的人生。

熬制粥食

# 鼎

（甲骨文）

趣写古汉字

鼎镬甘如饴，求之不可得。

——南宋·文天祥《正气歌》（节选）

说起古代炊器，“鼎”是最具代表性的，它是古代“锅”的统称。古代的锅有很多种，细分起来，“鼎”“鼐”“鬲”是有足的锅，“釜”“甑”“镬（huò）”是平底的锅。从甲骨文上来看，“鼎”旁有耳，便于持拿；下有足，可作支撑。从考古发掘的实物来看，古代的鼎多是由青铜制成，有的是圆形和方形的，下有三足或四足。这种炊器盛行于商周时期，可用于烹煮食物，也可以盛放食物，后来被视为象征国家权力的礼器，用于朝拜祭祀等活动。

《说文解字》解释“鼎”为“和五味之宝器也”。作为烹煮的器皿，“鼎”能够承载多种食材，协调各种滋味，然后制作出丰盛的美食。在物资匮乏的时代，饮食是头等大事。有了“鼎”这种工具，就意味着具备了制作食物的基础条件，人们就能够掌控吃饭的权利，生存也就多了一分保障。所以，古代圣君会把鼎与治国联系到一起。谁能像鼎一样为大家提供食物，谁就有资格当人们的首领；谁能像鼎一样协调好各方，谁就有能力领导好一个国家。所以，“鼎”渐渐超脱于炊器的实际功用，成为政权的标志，有着尊贵无比的地位。《史记·封禅书》：“禹收九牧之金，铸九鼎。”大禹铸造九鼎，喻示九州统一，以天下为家。从此，“九鼎”

**粮语**

现存最大的鼎是『后母戊青铜方鼎』，高133厘米，重832.84千克，四平八稳，威严尊贵。无论从造型上还是寓意上，『鼎』就是『定』——人们因其有食，生活安定；国家因其有力，政治稳定。

水鼎(西周，故宫博物院)

成为帝王之尊的象征，代表着国家权威。据《左传·宣公三年》记载，楚庄王曾询问周王室九鼎的大小，这一“问鼎”行为，暗含着对统治权力的觊觎，传达出图谋夺取江山的野心。

在古代青铜器当中，鼎的体型较大，仪表堂堂，透出一股端庄威严的气势。每当人们提到它的时候，都把它视为正面形象的代表，多含有褒扬的意味。比如，“鼎盛”“鼎沸”“鼎业”中的“鼎”有“程度高”之义，而“鼎力”“一言九鼎”“大名鼎鼎”中的“鼎”有“分量重”之义，都是取自鼎本身的美好寓意。

如今，鼎仍然代表着国家的安定团结。在香港和澳门回归的时候，中央政府向两地赠送了“回归宝鼎”；在少数民族较多的西藏、新疆、宁夏、内蒙古等地区，还获赠了“民族团结宝鼎”。可见，鼎作为国之重器，集中反映了人们对国家繁荣昌盛、社会和谐稳定、人民富足幸福的美好期盼。

食品

# 米

（甲骨文）

趣写古汉字

**粥美尝新米，袍温换故绵。**

——唐·白居易《自咏老身示诸家属》（节选）

米，是一个象形字。从甲骨文的字形上看，像散布的米粒。对于其中的横线，专家学者有不同的解释：有的说像谷穗的梗，有的说像田地的界限，有的说像放米的架子，还有的说是区别米粒与沙砾、水点的符号。我倒觉得它很像一个石磨棒，在谷粒上面来回磋磨，便于谷物脱壳。《说文解字》：“米，粟实也。象禾实之形。”说明“米”的本义是谷物去壳后的籽实，是经过人力加工后的形态。

汉字里“米”是一个部首，构成的字几乎都与粮食有关。凡是去壳后的谷物，都应该称为“米”，比如有大米、小米等。“苔花如米小，也学牡丹开”，有时人们也会把粒小而像米的东西称为米，比如花生米、虾米。不过人们更习惯用“米”特指稻米。

一粒粒大米晶莹剔透、一尘不染，煮熟后口感柔韧、香润弹牙，并且营养丰富、物美价廉，历来是我们的大众主食。尤其是那洁白纯净的质地，为我们发挥创意、展现厨艺提供了无限的想象空间。人们通过精细加工、添加辅料、改变烹饪方式等，制作出以大米为原料的各种食品，很有传统文化特色。最常见的做法是煮成香气四溢的干饭，熬成黏稠醇香的粥。还有比较具有地域特点的水浆式磨粉食品，如米线、米

## 粮语

米是谷物的籽实，也是经过加工择取的精华。因此常常代表着核心、要害、关键的部分。俗话说『吃饭吃米，说话说理』『煮饭要放米，讲话要有理』。对于饭来讲，无米不成炊；对于话来讲，无理不成言。可见，『米』虽然小，却很重要。

粉、凉皮等。黏性较大的糯米可以包成粽子，磨成粉又可做成汤圆。大米还是酿制米醋和酒的主要原料，激发了人们的味蕾，丰富了中华饮食文化。

另外，在加工米时脱落的稻壳也有用，可以提炼出淀粉，作为动物的饲料；也可以做成燃料、肥料、包装材料，以及席垫、服装和扫帚等日常生活用品。

石磨盘和石磨棒
（裴李岗文化，中国国家博物馆）

# 粮

（金文）

趣写古汉字

适千里者，三月聚粮。

——东周·庄子《逍遥游》（节选）

“粮”最初写为“糧”，在汉代以后这两种写法并存，以“糧”为主；后来国家实行汉字简化以后，统一写作“粮”。从字形上看，两种写法都是形声字：“米”表示字义，说明是经过加工后的谷物；“良”和“量”既表示字音，又可以解释为“良好”和“一定数量”而兼表字义。

《说文解字》：“粮，谷也。”“粮”字的本义就是“人们吃的粮食”。这里要说明的是，“粮”和“食”虽然常常连用，但是两字之间还是有一定区别的。《周礼·廪人》中有提到：“凡邦有会同师役之事，则治其粮与其食。”“粮”一般指出行时带的干粮，“食”一般指居家时吃的食品（“食”后文将详解）。人们在离家出行的时候，需要带上食物，但是有汤有汁的不便于携带，还容易变质腐坏，所以干粮就是最好的选择。古代有句话叫“兵马未动，粮草先行”，而不说“食草先行”，就是因为行军中带的是干粮。

既然要带干粮，就存在带多带少的数量问题。庄子在《逍遥游》里说：“适百里者，宿舂粮，适千里者，三月聚粮。”不同距离的出行，需要携带的干粮数量也不相同，总要先谋划计算好。我们看古代表示干粮的字还有“糒（bèi）”字等，“糒”与“備”（“准备”中“备”的繁体

**粮语**

粮不仅起到饱腹的作用，还为人们出远门提供了必备条件，这有利于推动社会运转起来、人际活络起来。并且，在制作的过程中，粮保留了家乡的味道，为远行思乡的人带去自家的慰藉。

字）都取自于“准备得当、考虑周全”的意思。说明干粮是人们在生活、出行，甚至行军时要考虑的重要内容。所以“糧”以“量”来表字音和字义，也是有根据的。

古代常见的干粮是“糗（qiǔ）”，有人说是炒熟的米或面等，有人说是面食粘连成块状或糊状，即我们现在的“锅巴”。“糗”的制作方法大概是将米和面炒熟之后，加水捣制，再揉搓成形，最后铺开晒干。这样的干粮形体相对压缩，便于携带；含水量也较少，能够保存较长时间。人们行走在路上，当肚子饿的时候，可以从背筐中拿出干粮来吃，还可以配上瓦壶中装的酱汁。富裕一些的人，再带上“脯”（腊肉）以及酒，似乎为枯燥的漫漫长路增添了一番滋味。

# 食

（甲骨文）

趣写古汉字

**卖炭得钱何所营？身上衣裳口中食。**

——唐·白居易《卖炭翁》（节选）

“食”是而我们非常熟悉的字，从词性上来讲，大体可以分为两类：一是作为名词，指代吃的食物，可以是粮食，也可以指具体的饭食（这个含义后来多用“饭”字来表达）。《汉书·食货志》里说：“食，谓农殖嘉谷，可食之物。”可见“食”与“谷”有天然的联系。二是作为动词，指吃饭的动作，也指喂养人或家畜吃饭的动作。比如明代刘基《卖柑者言》中有句“吾业是有年矣，吾赖是以食吾躯”，其中的“食”就是“供养”的意思。

从“食”的甲骨文字形来看，上部分是一个倾斜的“口”字，下部分像一碗饭，合在一起就是“张口吃饭”的意思。有的甲骨文字形，在“口”的下面多加了几个小点，大概代表“垂涎”。不过《说文解字》对“食”的解释却不同于甲骨文的一目了然，有些复杂。书里说：“食，一米也。”并将“食”字拆分成“亼（jí）”和“皀（bī）”两个部件。“亼”像三角形的屋顶，是“汇集”的意思；“皀”像盛饭的器皿，是“谷物馨香”的意思。所以，“一米”也就是“亼皀”，表示“把谷粒汇总到一起”，成为人们香喷喷的饭食。虽然《说文解字》对“食”的解释比较艰涩，但并不影响“食”的基本字义。

## 粮语

粮食是国脉所系、民生所依。国无粮，宏业不存；民无食，生计难保。粮食又是良心工程、品质工程。米不良，不可食；人不良，食不安。

米饭

“食”是一个统称，它作为偏旁部首构成的汉字，基本都与饮食有关。当它作为具体的食物被盛到碗里的时候，便具体得多。有主食、副食、素食、荤食、干食、汤食、面食、甜食等，可谓种类繁多、千姿百态。随着粮食加工技术的不断进步，人们对“食”的品质和花样要求越来越高，在色、香、味、形、净等多个方面尽情地发挥演绎，逐步形成了独具特色的中国饮食文化。

“粮”与“食”二字合用，通称供人们食用的谷类、豆类和薯类等原粮和食品，是人类最主要的食物来源。为了让人们牢记粮食对人类生存发展的重要性，同时关注部分国家目前仍然存在的粮食短缺的问题，联合国粮食及农业组织确定每年的10月16日为“世界粮食日”。全世界人民在这一天围绕粮食开展各种纪念活动，提醒大家重视农业、爱惜粮食，呼吁人们携手与饥饿和营养不良作斗争。

# 粉

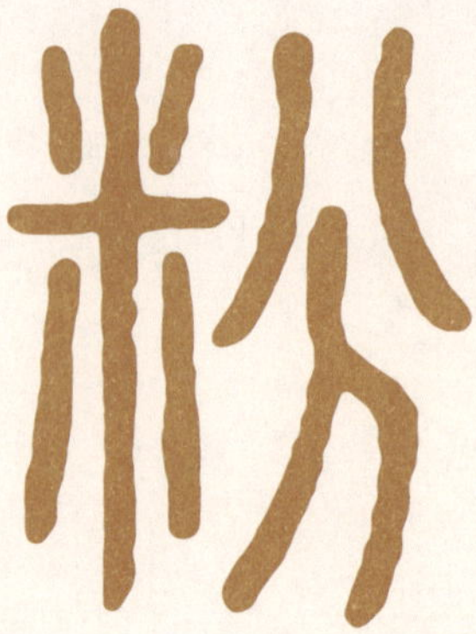

（小篆）

趣写古汉字

羞笾之实，糗饵粉糍。

——《周礼·天官》（节选）

“粉”字由“米”和“分”构成。“分”有“分开、分散”的含义，因此既表示读音又表示字义。东汉刘熙写的《释名》解释道：“粉，分也。研米使分散也。”“粉”的本义就是“将米研磨成细碎的小粉末”。

谷物在经过脱壳加工后，有一部分直接烹饪食用，制作成米饭、粥、粽等；还有一部分要先研磨成细粉，再做成各种特色面食。这个研磨工艺就是粮食制粉，根据制粉工艺的不同，磨出的“粉”又有很多种类，能适用于人们不同的烹饪要求。

制粉的原料主要是小麦，制出的粉即为“面粉”；以稻米为原料的，制出的是“米粉”。就制作面粉而言，主要目的是将小麦粒中的胚乳与麦皮、麦胚分离开来。因为小麦粒的胚乳含有大量淀粉和面筋质，是制作面食的主要原料；而麦皮和麦胚分别含有纤维和脂肪，会影响面粉的色泽并容易导致面粉变质。胚乳被分离出来以后，会被磨细成粉，人们再根据饮食特点，进行不同等级面粉的配制。

总体而言，面粉的分类有三种方法：从蛋白质和面筋含量上来分，有高筋面粉、中筋面粉、低筋面粉和无筋面粉，“筋”含量越高，面粉中蛋白质越多，口感也就越劲道。从用途和性能上来分，有专用面粉（面

面粉

**粮语**

从粒到粉，是分；从粉到食，是合。俗话说『合久必分，分久必合』，在这分合变幻的过程中，一个崭新精彩的大世界展现在人们眼前。

包粉、饺子粉等）、通用面粉和营养强化粉（增钙面粉、富铁面粉等）。从加工精度上来分，有特质面粉（加工精细，分一等、二等，色泽白皙，人体易吸收）、标准面粉和普通面粉。随着现代面粉加工质量标准和工艺水平的不断提高，面粉的种类越来越多，品质也越来越好，满足了人们日益丰富的饮食文化需求。

纷繁的面粉种类是社会发展的体现，但对于一般老百姓来说有些“眼花缭乱”，不易辨别。人们在实践中总结出了“看、闻、捻”的选粉方法：“看”面粉的颜色，通常色泽呈乳白色，质量越差颜色就越深；“闻”面粉的气味，常有股淡淡麦香，无味或异味的为劣质品；“捻”面粉的质地，一般会稍微发涩，而手感滑腻的话，就有可能掺杂了滑石粉等物质。

当人们面对洁白细腻的面粉时，其实是开启了一道通往饮食世界的大门。这里浩淼无边，需要用人们的想象和劳动来创建。大家想法有多丰富，这个世界就有多精彩。现在的粉制食物品种繁多，花样百出，风味迥异，足见人们的聪明智慧。

# 面

（小篆）

趣写古汉字

**胡麻饼样学京都，面脆油香新出炉。**

——唐·白居易《寄胡饼与杨万州》（节选）

“面”字最初指的就是“脸面、面部”，与我们现在吃的面食没有关系。指代面食的是“麪（miàn）”字，左边一个“麦”，表字义；右边一个“丏（miǎn）”，表字音。《说文解字》：“麪，麦屑末也。”意思是说，“麪”是麦子的细末。后来随着汉字的演变，“面”代替了“丏”，成为“麵”字，又简化为“面”。如今，我们的“面”字有两个含义，一个是本义“脸面”，一个就是“面食”。

面食，就是用面粉制作成的食品。人们用工具将谷物碾磨成面粉以后，还要根据自己的喜好，用蒸、煮、煎、炸等方法制作出各式各样的面食。总体而言，面食制作的步骤主要有三步。

一是混合搅拌面粉。在面粉中掺入水以及其他配料（通常包括白糖、蛋液、牛奶、酵母等），然后均匀搅拌，使之成为软硬适度、质地细腻的面团，以备后用。二是对面团进行发酵塑形。加入酵母的面团，需要经过发酵的过程。由于酵母菌发酵后会产生二氧化碳，所以面团内部有细微的气孔，整体体积会胀大，质地会更松软，便于之后的塑形。而没有放入酵母的面团，则可以直接塑形。人们通常会将面团塑造成团状、条状、片状等。三是烹饪加工。加工方法

**粮语**

长在地里的，都是属类相同的谷物；端到桌上的，却是形态各异的面食。同源而异路，这就是文化的影响力和造就力。百花齐放，百家争鸣，百面呈香，伟大的文化造就出繁荣的景象。

因人而异、因地而异、因时而异，常见的有蒸制，比如蒸馒头、包子；煮制，比如煮面条、水饺；煎制，比如煎饼、锅贴；炸制，比如炸麻花、油糕等，种类繁多，数不胜数。

面粉食品的原料以小麦为主，而我国北方地区是小麦的主要产区，因此北方人最喜爱也最习惯吃面食。在面食中，面条又是主力军，所以老百姓说“吃面”，通常就是指“吃面条”。如今，无论是北方还是南方，面条都是最受人们欢迎的主食之一，各地都呈现出各自的特色。其中最负盛名的有兰州牛肉拉面、河南羊肉烩面、山西刀削面、四川担担面、武汉热干面、北京炸酱面、山东打卤面、朝鲜（族）冷面等，各具风味，各领风骚。再加上其他种类的面食，我国的面食文化真是“面面俱到”，蔚为大观。

# 饼

（小篆）

趣写古汉字

**小饼如嚼月，中有酥和饴。**

——北宋·苏轼《月饼》（节选）

“饼”字是个形声字，左边的“食”表示字义，右边的“并”兼表字音和字义。《释名》记载：“饼，并也。溲面使合并也。”饼由水和面搅和、合并而成，所以“饼”字中含有“并”。《说文解字》：“饼，面餈（cí）也。”“餈”字现在写为“糍”，指的是面团。“饼”字的本义就是“由米面加水后混合而成的面食”。它起初是团状面食的总称，后来才指现在我们吃的圆形薄片或扁圆形的面制食品。

《齐民要术》里说：“饼肥美，可经久。”被称之为“饼”的面食，口味醇厚香美，便于存放，历来是人们的主食，种类花样也很多。总的来讲，饼有三种：一是烙饼。这是我们现代比较熟悉的，包括烧饼、烤馍等都属于这一类。烙饼表皮较硬，内层酥软，可以配上各种肉、蛋、蔬菜一起食用，还可以包上馅儿，做成馅饼。二是汤饼。古代没有“面条”一说，汤饼其实就是面条或面片汤。人们将调好的面团切成条或撕成片，放入锅里煮熟，因此汤饼后来又称煮饼。三是蒸饼。《水浒传》里武大郎卖“炊饼”，又称“蒸饼”。其实它是我们再熟悉不过的食品了，只是我们习惯称之为“馒头”。馒头没有馅儿，加上馅儿就是“包子”，它们原本都可称作“蒸饼”。随着面食的花样越来越多，人们为了便于区

## 粮语

饼，面食中『兼包并蓄』者，又是『谦虚平易』者。起初的饼，涵盖了现在绝大多数的面食种类，足见胸怀之广。后来的饼，放平身段，甘退一隅，又显谦和低调。无论如何，都不影响它发展普及起来，走进千家万户。

分，只将扁圆形状的称作“饼”。

现在我们生活中有各式各样的饼，在此简要列举几种有代表性的：煎饼是北方地区常见的传统食品，由面粉加水调成糊状、再摊在锅上烙圆。煎饼水分少，可厚可薄，口感筋道，非常耐饿，还方便储存。人们常用煎饼卷住各种菜、肉一起食用，口味丰富多样。这种由“煎饼裹着”的食品，渐渐被人们叫成了“煎饼果子”，成为著名小吃。月饼是我国全民性的中秋节食品，因其造型为圆，象征着团圆和睦。月饼的馅儿多用核桃仁、杏仁、莲蓉、豆沙、瓜子、山楂、枣泥、芝麻仁等，营养丰富，味道香甜。目前，月饼与各地饮食习俗相融合，又发展出广式、京式、苏式、潮式、滇式等月饼，深受人们喜爱。还有饼干，这是从域外传来的一种点心，因其外形是扁圆并且干燥的，所以人们称之为“饼干”。饼干配料多元，造型富于变化，并且采用烘焙的烹饪方法。这是源于西方并随着现代工业而完善的工艺，为我们的饮食文化注入了新的活力。

# 饺

（甲骨文）

趣写古汉字

好吃不过饺子。

——民间俗语

大年三十吃饺子，是最有中国味儿的习俗。在除夕夜里，全家人围坐在一起，边说笑边包饺子，其乐融融。热气腾腾的饺子端上桌，人们品尝着不同的菜馅儿，回味这一年来的点滴乐事。伴随着跨年的钟声以及热闹的鞭炮声，大家彼此送上祝福，期盼来年能够吉祥如意，这是中国人最温馨融洽的时刻。

饺子是中国年的主角，缺少了饺子，年就不完整。人们说“饺子”的谐音是“交子”。“交”表示“接合”，从它的甲骨文来看，像一个站立的人两腿相交的形象。“子”就是子时，用现代的标准来说，指23时至1时，正是横跨两天的时刻。一年中最重要的子时，就是除夕夜的子时，因为接合两年、辞旧迎新，所以“交子”以及“饺子”也就有了特殊的寓意。

饺子最早的名字是“娇耳”，据说最初是东汉“医圣”张仲景发明的一种药物。相传张仲景在任长沙太守时，有一年瘟疫盛行，很多穷苦百姓忍饥受寒，耳朵都冻烂了，病死的人很多。张仲景治病救人，研制出一种称为“祛寒娇耳汤”的药物。具体做法是用羊肉、辣椒和一些祛寒药材在锅里煮熬，然后把这些东西捞出来切碎，用面皮包成耳朵状的“娇耳”，再下锅煮熟后分给病人。人们吃下后，浑身发热，血液通畅，抵御

## 粮语

饺子外形比较素雅，但里面包裹着的馅儿却五彩纷呈。人们喜爱它的原因，除了它有『喜庆团圆』的寓意外，应该也是因为欣赏它『外表低调、内涵丰富』，颇具君子之风。

了伤寒，治好了冻耳。后来，这种“形如偃月”的娇耳，成为广受欢迎的“天下通食”。

“娇耳”起初是与汤一起食用的，当时被称为“馄饨”，这种吃法至今仍然流行，并且成为一种独立的食品类型。到了唐代，出现了单独捞出来食用的吃法，延续至今。宋代以后，饺子的称呼比较杂乱，有“粉角”“扁食”“角儿”“水点心”“煮饽饽”等，其中“角儿”与“饺子”的发音就很相近了。大概在清末时期，人们才把这种食品统一称作“饺子”，并确定流传下来。

饺子除了可以水煮之外，还可以用蒸、煎等方法。饺子馅儿可选用牛肉、羊肉、虾仁以及各类蔬菜等，荤素搭配，色味俱佳。作为历史悠久的民间食品，饺子皮薄馅嫩，形状精巧，吃的时候蘸着酱醋、蒜泥，味道鲜美，真是“好吃不过饺子”。每逢年关，远在外乡的人们长途跋涉，奔波途中，就是盼望着能在除夕时与家人一起吃顿团圆饺子。

# 粥

（小篆）

趣写古汉字

客到唯烧柏子香，晨饥坐待山前粥。

——北宋·苏辙《游钟山》（节选）

“粥”最初的字形是“鬻（yù）”。“鬻”的小篆描绘了煮粥的场景，我们可以看出“米”位于炊具“鬲”之上，左右两旁有代表着袅袅炊烟的“弓”。后来汉字简化成“粥”，表示用粮食煮成的半流质食品。

粥俗称“稀饭”，是我国历史最久、最常见的食品之一。据传“黄帝始烹谷为粥”，说明至少4000多年前粥就出现了。《礼记》中有“行糜粥饮食”的记载，这是目前关于“粥”最早的记载，所以我们可以确定粥起源最晚在先秦时代。粥在古时又称作“糜（mí）”，取自“糜烂”之义。当我们的祖先发明了“鬲”等炊具之后，便将米放入水中不断地用火熬煮，直至粥汤稠浓。米在水中浸透，并经过加热后变得膨胀软烂，吃起来浓香醇厚。

除此之外，粥还能作为汤药使用。人们在米中加入一些有滋补作用的药材或食材，煮成药粥，对养生保健有很好的效果。宋代人对粥特别推崇，我们可以从当时文人墨客的笔下略见一斑。北宋苏东坡曾写道：“夜饥甚，吴子野劝食白粥，云能推陈致新，利膈益胃。粥既快美，粥后一觉，妙不可言。”北宋张文潜在《粥记》一文里说：“每日起，食粥一大碗，空腹胃虚，谷气便作，所补不细，又极柔腻，与肠胃相得，最为饮

**粮语**

粥，很稠，很暖，如同人们之间亲密的情感。当有人为我们端来一碗粥的时候，这就是一捧深厚的情谊，其中汇集了耐心和爱心，融入了用心的细熬，沉淀了时间的味道。

煮粥场景

食之良。”南宋陆游曾作一首诗《粥食》，里面写道：“世人个个学长年，不悟长年在目前，我得宛丘平易法，只将食粥致神仙。”

时至今日，食粥仍然被人们认为是滋补养生、延年益寿的良方，得到了更深入的研究。经过现代食品科学分析，人们找到了食粥养生的秘密：用米煮粥可以将米中的淀粉转化为“糊精”，也就是能把淀粉中的大分子物质分解成易消化的小分子成分。这可以帮助消化吸收，健脾养胃；也可以补充人体水分，避免血液黏稠，还容易产生饱腹感。

总之，无论是为了品尝美食还是养生保健，自古以来粥都是老少皆宜的食品。人们根据各自喜好以及时节变化创造出菊花粥、绿豆粥、银耳粥、八宝粥、百合莲子粥、小米红糖粥等各式各样的粥品，形成了中国独有的粥文化，一直滋养着国人的身心。

# 粽

（甲骨文）

趣写古汉字

服玩果粽，足以致诚。

——唐·李延寿《南史》（节选）

粽子是我们在端午节吃的食品，这一风俗最早起源于魏晋时期。“粽”是个后起字，在汉代小篆之前的古文字里找不到该字。然而在《说文解字》里有“糉”字，也读作zòng，并被解释为“芦叶裹米也”，大概是“粽”的原型。

从“粽”的字形来看，由“米”和“宗”组成，可以解释“粽”是一种为了“宗”而吃的“米”。“宗”是很古老的字，上面是“宀（mián）”，表“房舍”；下面是“示”，表“祭祀”。两部分组合在一起，体现出“宗”的字义是“祭祀祖先的地方”。因此，“粽”就是用于祭祀的食品。现在我们都知道，大家吃粽子时祭祀怀念的祖先是屈原。而这一天，就是农历五月初五，是我国被列入世界非物质文化遗产名录的传统节日——“端午节”。

屈原历来是华夏儿女心目中伟大的爱国诗人，也是中国传统文化中品格高洁的代表人物。在目睹山河家国破碎、美政理想破灭的时候，他爱憎分明、顽强不屈，矢志不移秉持爱国爱民精神，坚决不与奸佞小人同流合污。在腐朽和反动的环境中，他宁为玉碎、不为瓦全，最终自尽于汨罗江中，以其高尚的人格树立了一座不朽的道德丰碑。人们敬佩屈

## 粮语

吃粽子，本意是提醒人们不忘其『宗』。然而随着五花八门粽子的出现，『宗』被裹得越来越严实，似乎被人们慢慢淡忘了。希望下次吃粽子时，我们能想到『万变不离其宗』这句话。

原“长太息以掩涕兮，哀民生之多艰”的民本情怀，学习他“路漫漫其修远兮，吾将上下而求索”的理想信念，向往他“民生各有所乐兮，余独好修以为常”的崇高境界。因此，每到五月初五屈原投江的这一天，人们都要缅怀他，纪念这位伟大的文化名人。

至于在端午节吃粽子的习俗，传说是屈原死后，楚国百姓非常哀痛，纷纷到汨罗江边去凭吊，并拿出为屈原准备的食物；又怕他被水中鱼龙所食，便用树叶包饭并外缠彩丝，后来渐渐发展成粽子。对于这种说法的准确性，历来意见不一。甚至有的说端午节最初不是纪念屈原的，而是南方地区祭祀蛟龙，祈求雨季无水灾的传统。总之，无论端午节和粽子是如何起源的，我们可以确定的是“粽”与祭祀有关。

粽子的花样很多，外叶可使用荷叶或竹叶，粽子用糯米、黄米和其他辅料，如枣、板栗、豆沙、莲蓉、蛋黄、腊肉等包成，形状有三角形、四角锥形、枕头形、小宝塔形、圆棒形等。当包好的粽子在锅里蒸熟以后，热气腾腾，粽香扑鼻，不仅是深受大家喜爱的美食，更是人们互相赠送、借以表达情谊的礼物。

# 酒

（甲骨文）

趣写古汉字

**对酒当歌，人生几何！**

——魏·曹操《短歌行》（节选）

酒是“粮食精”，是通过酿造技术提取出的液体粮食，在我国有上千年的历史。从甲骨文字形可以看出，“酒”字由一个盛酒的器皿“酉”和飘洒出的“水”组成，本义是“盛装于酒器中的酒”。

酒的起源有很多种说法，流传较广的有“杜康造酒”之说。杜康又名少康，是夏朝国君，他首先用具有黏性的谷物酿造“秫（shú）酒”，被后人尊崇为“酿酒始祖”。其实，酒的出现要远早于夏朝，大概可以追溯到新石器时代晚期。而杜康应该是酿酒高手，或是对酿酒工艺进行了总结提升。人们出于对有贡献者的敬畏和纪念，便将酒称为“杜康”。

在我国漫长的历史中，古代劳动人民创造出各式各样的酒，名目繁多，名酒荟萃。比如，有以糯米为原料酿成的甜酒，有以小米、水稻为原料酿成的黄酒，有以高粱、玉米、甘薯等为原料经蒸馏工艺而酿成的白酒，还有引进外国工艺并不断融合成我们本土特色的啤酒、红酒等，这些酒共同构成了源远流长、灿烂辉煌的中国酒文化。

酒对人体有一定好处，比如可以活血化瘀、疏通经络、祛风散寒，更重要的是会舒缓人的精神压力，有“解忧”之效。所以，酒在古时还有“欢伯”“忘忧物”等别名。然而，人们饮酒之后到底是喜还是忧，要

**粮语**

酒，香气四溢，沁人心脾，让人陶醉；然而，事有两面，物极必反，我们在陶醉的时候更需要清醒和警惕。这样的酒香才飘得更远，酒乐才是真的乐。

陶蒸酒器（西晋，广东省博物馆）

因人而异。《说文解字》说："酒，就也。所以就人性之善恶。"酒是一种催发剂，对人性有神奇的"加工"作用，能淋漓尽致地展现出人的本性，会让善者更善、恶者更恶。

有的人饮酒之后能焕发出朴质的真性情，流露出难能可贵的才华。"诗仙"李白喝着酒，能吟出"天生我材必有用，千金散尽还复来"的诗句，一吐其豪迈洒脱之气概。太守欧阳修与老百姓饮酒同乐，仰着泛红的脸陶醉地说道："醉翁之意不在酒，在乎山水之间也。"而有的人饮酒之后，神志错乱，丑态百出，原来被隐藏的恶习暴露无遗。商纣王建酒池作"长夜之饮"，在酒的刺激下荒淫无耻、滥杀无辜，最终亡国，留下了千古骂名。《水浒传》里的李逵，喝酒之后习惯抡起一对板斧向人砍去，以杀人为乐，这是典型的"酒后乱性"。

酒如同江河水，可载舟，也可覆舟。酒又是试金石，可验善，也可激恶。所以，人们对酒的感情是又爱又恨。古往今来的经验和教训告诫我们饮酒切记"适度"：少饮微醺即可，不可醉酒，更不能酗酒。

# 醋

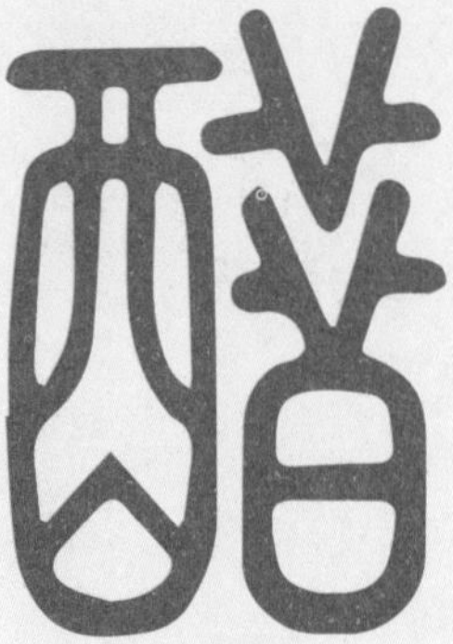

（小篆）

趣写古汉字

茹家法醋沁牙酸，滴滴清香泻玉盘。

——清·纪昀《乌鲁木齐杂诗之物产》（节选）

“醋”是常用的粮食发酵调味品，古称“酢（cù）”“醯（xī）”“苦酒”等，多由高粱、糯米、玉米、小麦和酒发酵制成。从字中的“酉”可看出，“醋”与“酒”同根同源，有着密切的联系。

我国是世界上最早用粮食酿醋的国家。在《周礼》一书中记载了专管周王室醋供应的“醯人”。东周时期出现了专门的酿醋作坊，到汉代时醋开始普遍生产。北魏时期的《齐民要术》一书系统总结了我国制醋的经验和成就，记载了22种制醋方法。唐宋时期醋已经成为人们的日常调味品，宋代吴自牧在《梦粱录》中记载：“盖人家每日不可缺者，柴米油盐酱醋茶。”再之后，随着酿造工艺的不断进步，醋的品种日益增多，风味各异。

醋有米醋、陈醋、香醋、麸醋、酒醋、白醋、果醋等，由于原料、工艺和饮食习惯的不同，我国各地醋的特点迥异。比较著名的有“中国四大名醋”。第一种是山西老陈醋，产于山西清徐县，历史悠久。老陈醋色泽为红棕色，味道特点是“绵、酸、甜、香”，为我国四大名醋之首，素有“天下第一醋”的盛誉。第二种为保宁醋，产于四川阆中地区，色泽棕红、酸味柔和，醋中加入了五味子、砂仁、肉桂、当归、荆芥、薄

## 粮语

『醋』对于『饭』，如同生活中的『刺激』对于『平凡』。缺了，索然无味，过于清淡；多了，尖酸透骨，难堪其激。所以说『醋』只是调味品，当不了主食。不过，如果能利用好这点刺激，调节好平衡，那平凡的生活会更有滋味。

荷等药用材料，具有开胃健脾、清心益肺等功效，是我国唯一的药醋。第三种为永春老醋，产于福建省永春县，以糯米、红曲、芝麻、白糖为原料，精工发酵、陈酿多年而成，含有多种氨基酸等营养成分以及多种对人体有益的发酵微生物，具有色泽棕黑、酸中带甘、醇香爽口、久藏不腐等特点。第四种为镇江香醋，产于江苏镇江，有独特的香气，因“酸而不涩，香而微甜，色浓味鲜，愈存愈醇”等特色而驰名中外。

醋在中国饮食文化中有举足轻重的地位，烹饪时加入香醋，不仅可以起到除腥、解腻的作用，还会使菜品变得馥郁醇厚、酸香绵长。更重要的是，经常吃醋还能帮助人体预防感冒、保存维生素和促进钙、磷、铁等物质的溶解，对身体保健很有帮助。

# 酱

（金文）

趣写古汉字

不得其酱，不食。

——《论语·乡党》（节选）

从“酱”的金文来看，它是一个形声字。其中，“爿（qiáng，又读pán）”表读音，“酉”表字义，后来又加入了“夕”（“肉”的本字）。“酱”的本义是指在“器皿中用盐、醋、酒等调料腌制的肉酱”。《周礼注疏》中描述了制作酱的过程：肉煮熟后，要切成块晾干，再把晾干的肉块剁碎，跟酒曲等搅拌，加上盐并用酒浸泡，密封一百天左右就做成了。

在先秦时代，“酱”有肉酱、鱼酱以及果品蔬菜酱等，据《周礼·膳夫》记载“酱用百有二十瓮”，可见酱料的种类之多。酱除了是美味的佐料之外，更是古代礼仪文化的一部分，代表了食用者的身份地位。比如孔子说：“不得其酱，不食。”指的就是吃饭要遵循礼制。

不过更常见的酱料还是一般民众食用的豆酱、面酱等。唐代学者颜师古曾说：“酱，豆合面而为之也……食之有酱。”南朝医药家陶弘景记载：“酱，多以豆作，纯麦者少。入药当以豆酱，陈久者弥好。”由于大豆以蛋白质为主，面粉含淀粉较多，所以古人常用大豆混合面粉，创造一定条件使多种有益的霉菌繁殖，最终发酵成为独具风味的豆酱或面酱。此外，当豆酱、面酱发酵成熟之后，会有汁液，这就是酱油的雏形，人们又称之为“清酱”。酱油根据调制方法的不同，又分为生抽和老抽。生

酱制品

**粮语**

人不可貌相，识人的方法是听其言、观其行、察其色、视其安、论其事，最终才能对一个人进行综合判断。识物也是如此，若不是人们怀着好奇心对那罐子里的事物多观察了一阵子，那么鲜美的酱险些就被弃之于腐坏的废料堆中。

抽即由发酵后的酱汁提取而成，味道鲜美；老抽是在生抽中加入了焦糖，形成浓色的酱油，味道醇厚，适用于烧卤食品。

现在豆酱、面酱和酱油是人们饮食中不可或缺的重要调味品，以它们为基础原料而调制出的各种调味品，更是千色百味，深受大家喜爱。虽然酱制品现在很普遍，但最初发现它却不容易。我们设想一下人类第一次发现发酵食品的场景，也许很有趣：

几千年前的一个炎热的午后，我们的祖先偶然打开了曾经放着大豆的罐子。眼前这些黏软的豆粒，有点像腐坏了，但闻起来的味道又有点鲜香。他好奇地用手指蘸了一下豆上酱液，又放在舌尖上舔了舔——味道实在美极了！此后，他将这个发现告诉了别人，大家一起观察分辨这个味道到底是如何形成的，逐渐人们发现了罐子中的秘密——发酵。从此餐桌上又多了一类鲜美的调味品。

# 粮食流通

# 粮之通

# 通

（甲骨文）

趣写古汉字

往来不穷谓之通。

——《易经·系辞上》（节选）

甲骨文的“通”字，左部是“彳（chì）”，指的是道路；下部是“止”，是人脚掌的形状。这两部分后来合写为“辵（chuò）”，又简化为“辶”（走之旁），表示“通”的字义。右上部的“甬”（或“用”），表示读音。

人在路上走，当然希望可以畅通无阻，所以“通”字的本义就是“通达”，后来又引申出“流通”“传递”“沟通”等含义。由于没有堵塞，可以达到的领域多、涵盖的地方广，所以“通”字又可以指“贯通”“全部”等意思。

人的社会属性，是人之所以为人的决定性因素。独自一个人，或是相对孤立的少数人在一起生活，基本可以维系生计。但是当人数不断增加，进而形成一定规模人类社会的时候，就必须加强联系和沟通，任何个体都要与社会产生连接。封闭，就意味着落后，不利于生存发展，最

《清明上河图》局部（北宋·张择端，故宫博物院）

### 粮语

『穷则变，变则通，通则久。』（《易经·系辞下》）在哲学上，事理到了极限的时候就要变动，力求通达，这样才有接续发展的可能。在粮食安全上，粮食也不能长期积存停滞在一处，需要流通分散开来，否则一旦出现问题，就有重大危险。这个道理，在很多事情上都是通用的。

终也没有出路。人类的强大，正是在于能够有意识地“通”，组建成一个整体，共同面对困难，世世代代不断进步。

这些联系沟通包括很多方面，其中粮食流通是重要的部分。大约在新石器时代的晚期，原始农业得到发展，粮食生产除了满足人们自身食用以外还有一定剩余，加之族群交往逐渐频繁、畅通，就出现了物品的流通。那时，黄河流域的各个部落之间已经出现了粮食交易。《易经·系辞下》：“神农氏作……日中为市，致天下之民，聚天下之货，交易而退，各得其所。”通过粮食的流通，人们各取所需，增强了生活的稳定性，也促进了物质和精神文化的交融。

粮食流通，主要指的是粮食消费领域的收购、销售、调拨、库存等，大致涵盖粮食储藏、计量、贸易、运输等环节。

# 藏

（金文）

趣写古汉字

农夫春耕夏耘，秋敛冬藏。

——东周·墨子《墨子》（节选）

“藏”的字义是“储存、收藏”。该字的产生与发展有不同的说法。一种说法是如上图金文所示，“藏”字上部分是“宀”，指房舍；里面的右半部分“酉”指的是一种盛酒器皿，左半部分“爿（pán）”表读音。这个字最初指的是“储存酒的地方”，但这个金文字形与现在我们看到的“藏”字差异很大，大概是后期人们在使用中借用了其他字，或是对原字形进行了改变。

第二种说法是，“藏”字的原始字形是“臧”。其中，“臣”表字义，“爿（qiāng）”表读音。“臧”原指男臣，后引申为美好、善良。凡是好的事物，人们都很珍惜，也希望能够长期保留，就想办法储藏。大概在东汉时期，人们在“臧”字上面增加了“艸”，成为一个新的字，专指“储积、收藏”的意思。这个“艸”就是粮草，说明“藏”字起初与粮食储藏有关。

粮食储藏是人类的一大进步，说明食物有了剩余，生活相对富足。根据专家的研究结果，我国的粮食储藏建设起源于新石器时期，许多文化遗址比如河北武安市磁山文化遗址、陕西西安市半坡文化遗址、山东龙山文化和大汶口文化遗址等都发现了储藏粮食的窖穴，有的窖穴里还

**粮语**

有备，才能无患；厚积，才能富余。粮食储藏对人类的生存和发展来说，是一个保护机制，至关重要。在动荡不安的时候，我们会因为有了一定储备，而增强了抵御风险、应对挑战的底气；在平稳安定的时候，我们也要居安思危，厚积薄发，为的是在任何情况下，都能坦然不惊、充满自信。

残留成堆腐朽的粮食痕迹。在商周时期，《周礼》中提到了国家粮仓的储藏法，而民间也大量储藏粮食，我们可以从《诗经》里《甫田》《楚茨》等诗篇中找到线索。粮食储藏直接关系到人民生活的好坏，影响到国家政权的安危，所以历朝历代不论是官方还是民间，不论是中央还是地方，都相当重视粮食储藏。

我国古人发明的粮食储藏方法与设施种类很多，构思设计精湛，还富有创意和美感。比如，储藏设施有器具储粮、防护储粮、穴地储粮、露天储粮等，这些设施对防潮、隔热、通风、防鼠等都起到了很好的作用。而其中蕴含的科技智慧也一直传承至今，惠泽华夏大地。

# 积

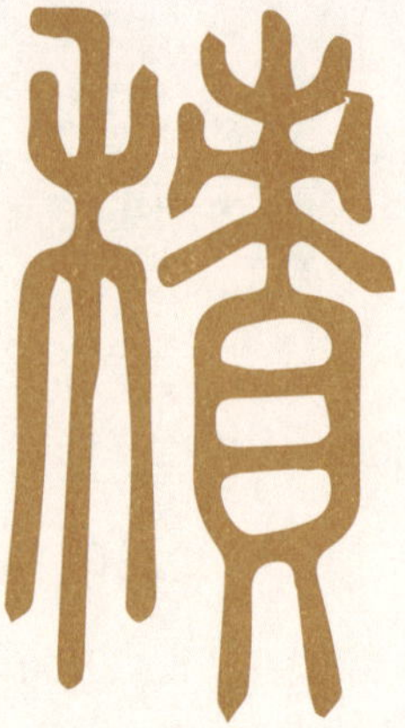

（小篆）

趣写古汉字

**博观而约取，厚积而薄发。**

——北宋 · 苏轼《稼说送张琥》（节选）

“积”是“積”的简化字。“積”由表示字义的“禾”和表示字音的“责”构成，该字的本义就是“聚集谷物”。就粮食储藏而言，“藏”字表达的是储存目的，而“積”字侧重的是积累过程，是从无到有、由少至多的变化。同时，“责”还表达出“分内、责任”的意思，说明“積”在粮食储藏中的必要性。

储藏粮食的前提是要有一定数量的粮食，否则就谈不上“藏”，顶多算作“放”。粮食是人们的生活必需品和易耗品，生产加工慢、食用消耗快。能有粮食剩余，并且能达到储藏的地步，确实很不容易。对此，人们采取了多种举措增加粮食剩余，核心原则就是“开源节流”——增加粮食产量，同时减少粮食消耗。改进农耕和加工技术，提高效率，可以增加产量，但有时也会遇到凶年，人力便无济于事；提高人们节俭意识，避免浪费，可以控制损耗，但随着人口的增长，粮食消耗的基数一定会越来越大。当这两方面都不能确保稳妥的时候，就要靠平时“积累”的功夫。如同一个人的理财，在收入没有明显增长、支出没有明显降低的时候，唯一能给人安慰和底气的，就是平日的积蓄。所以，做到点点积累、留意时时囤积，是粮食储备的基本法则。

**粮语**

当人们积累到达一定程度的时候，事情就向好的方向发展；当发展到达人们理想水平的时候，事情就做到了极致。因『积』至『极』，这个历程，就是『积极』。

“积”字源于粮食积累，又延伸至华夏儿女生活的各方面，它从口腹需求上升到了精神追求。比如民心众力上的积累，“积力之所举，则无不胜也；众智之所为，则无不成也”（《淮南子·主术训》）。再如道德修养上的积累，“积善成德，而神明自得，圣心备焉”（《荀子·劝学》）。又如学问见识上积累，“积学以储宝，酌理以富才”（《文心雕龙·神思》）。积累的目标虽然高远，但方法却很现实，具有普世意义。它是一个缓慢的过程，要凭借不断地付出，要依靠足够的定力。在我们的传统文化中，并不宣扬天生异质的神人、天才，反而崇尚那些“厚积薄发”的平凡人。因为大家知道，任何人无论才能大小，只要肯积累、愿用功，那就都有成功的可能。

泰山不辞土壤，故能成其大；河海不择细流，故能就其深；仓廪不拒粒谷，故能积其满。积累的道理就横亘于天地之间，引领着自然和社会的变化发展。而在积累的过程中，中国人也逐渐凝结出相应的性格特质和处世风格：踏实、内敛、勤恳。

# 瓮

（小篆）

趣写古汉字

**酱用百有二十瓮。**

——《周礼·天官》（节选）

在人们开始储藏粮食以后，首先用到的方法就是器具储藏，比如瓮（wèng）、罐、缸等。这些都是陶制储物器皿，除了造型有一定差异外，没有本质区别。其中，瓮的起源较早，具有代表性。“瓮”字是个形声字，“瓦”表示字义，指它的质地为陶制；“公”表字音。

瓮的形状古今有多种形态。一种是小口大腹，汉魏时的“百科词典”《广雅》记载：“瓮，瓶也。”这种瓮其实就是我们现在用的“瓶”，其功能是汲水或盛酒。在汲水方面，《庄子·天地》里说：“凿隧而入井，抱瓮而出灌。”这是比较原始的汲水方法，瓮在其中发挥了主要作用。在盛酒方面，瓮很早就派上了用场，比如山西汾阳市杏花村遗址就出土过“小口尖底瓮”，盛放了6000多年前的中国美酒。后来“瓮”还成了“酒”的代名词，比如唐代诗人杜牧在《郡斋独酌》中吟咏道：“叔舅欲饮我，社瓮尔来尝。”其中的“瓮”指的就是“酒”。还有一种瓮的造型，与现在的罐和缸比较相似，体积偏大，形态粗犷，基本家家户户都有。这种储谷瓮坚固厚重，经久耐用，用来储藏谷物效果很好。

瓮作为早期储藏工具，是人们生活的常用品。当瓮里的粮食满满时，人们对生活就有了掌控力，会感到安稳踏实。因此，瓮在人们心里

## 粮语

瓮，储存着人们维持生计的粮食，又保存着人们死后的躯体和灵魂。虽是一个冰冷的陶制器皿，却与人的生死密切相连，充满了人性的温度。

菱块十字圆点纹彩陶瓮
（新石器时代，甘肃省博物馆）

的地位很高，后来成为“掌控、稳妥、安全”的象征。比如，我们熟悉的成语“瓮中捉鳖”，比喻想要捕捉的对象已在掌握之中，形容手到擒来、很有把握。还有“请君入瓮”，指的是独裁统治者惩戒政敌的残酷手段，比喻整治别人的权威力度。

另外，瓮的重要性还体现在丧葬上。人生中的大事除了生存，还有死亡。死亡是一个人现实生活的终点，又是通往另外一个世界的起点，所以丧葬历来受人高度重视。为了保存死后身体的完整，人们通常要用棺椁。这棺椁可是大有讲究，但凡有条件的，绝不会草率入葬。在考古发掘的古代墓穴里，发现有大量瓮葬。瓮盛放着人的遗体，保持人的完整，并且瓮上凿有小孔，便于灵魂出入。人们希望借助瓮的“掌控力”，稳稳地过上新的生活。

# 窖

（小篆）

趣写古汉字

寄声鄞土黄承事，有粟何须更窖藏。

——南宋·吴潜《再用前韵》（节选）

《说文解字》：“窖，地藏也。”“窖”字的本义是“收藏东西的地洞、地坑”。上面是“穴”，表示地穴；下面是“告”，兼表字音字义。储藏东西的目的是储备，不是藏匿；不仅要藏得好，还要能找得到。所以“窖”不同于“穴”的地方就是人们要做好标记，知晓储藏地点，这大概是“窖”字中有“告”的原因。

最初的粮食储藏，除了可以存放在容器里以外，还以地下或半地下式的窖穴为主。由于土壤的导热性弱，使得挖入地下的窖穴温度变化较小，湿度也比较稳定，一年四季几乎保持干燥、阴凉、恒温的状态。加上地窖里氧气含量低，能够很好地抑制粮食自身的呼吸，减少有机物的分解，防腐作用明显。人们再多注重防潮、防霉、防虫等，地窖储粮的效果会更好。

我国目前发现的最早地下窖穴，位于河北武安市磁山文化遗址。遗址中有346个窖穴，其中88个有粮食堆存，厚度在0.3～2.9米不等，可见其储量之大。河南伊川北寨龙山文化遗址中的窖穴，坑壁及坑底都经过夯实和火烧，十分坚固。为了防止地下返潮，坑底还铺设了木板。按照窖穴的容积以及当时人们平均食量测算，储存的粮食可供80人规模的氏

## 粮语

掘地而藏让人们的储备更有深度——表面看来平淡无奇，一派常态；深入地下却别有洞天，大有可观。我们见到的表象，与其本质不可同日而语。大窖口窄，静水流深。

族吃半年。偃师二里头文化遗址的窖穴，浅的有台阶供人拾级出入，深的则在坑壁上凿有两排脚窝方便踩踏。还有的窖穴是半地下的，一部分挖在居室内，坑口用板材覆盖，而露在室外的部分则用窝棚遮拦风雨。

关于窖藏的文献记载（元·王祯《农书》）

古人根据地形情况和生活实际需要，发明了不同形式的窖穴，很好地保存了粮食，为人类的原始积累提供了很好的保障。如今，我们仍然用地下窖藏的方式保存食物以及其他重要的物品，并且还采用现代化技术改善了储存环境，将古今智慧汇于一窖，为经济社会发展奠定深厚的基础。

# 仓

（甲骨文）

趣写古汉字

乃求千斯仓，乃求万斯箱。

——《诗经·甫田》（节选）

“仓”是“倉”的简体字。“倉”的甲骨文勾勒出仓房的形状：上面是房顶，中间是仓门，下面像是仓房的基石。该字的本义泛指储藏粮食的场所。与“仓”同义的字，还有“廪”。王祯《农书》说：“廪，仓别名。廪所以藏粢盛之穗。”因此“仓廪”常连用。

随着农业生产的不断发展，以及粮食储备意识的不断增强，粮食储藏技术也在逐步提高，人们将储藏地点从地下窖穴转到地上粮仓。自战国时期起，房屋式的粮仓出现，全国各地也涌现出各式各样的粮仓。经过千百年的发展，我国形成了完善的仓廪体系，总体而言可分为官办粮仓和民办粮仓两大类。

官办粮仓有太仓、正仓、转运仓、常平仓、预备仓、营仓、卫仓等。太仓是王室粮仓，主要为政权中枢供应粮食。比如清代在明代王室粮仓的基础上建设了“京师十三仓”，成为重要的中央粮库。正仓是地方官府的粮仓，用于供应地方机构粮食。转运仓是在运河沿线重要节点兴建的粮仓，主要收储漕运粮食，便于灵活调配。常平仓是国家的储备仓，用于调节供应、平抑粮价、备荒救灾。预备仓是位于居民集中住所的储备仓，专门用于赈济灾民。营仓是专供军队兵士借贷的粮仓。卫仓

绿釉陶仓（东汉，扬州博物馆）

**粮语**

朱元璋提出『广积粮』方针，于是兵强马壮、民安本固，最终打下江山；曹操采纳『火烧乌巢粮仓』之计，于是毁敌粮草、断其命脉，最终获得官渡大胜。可见，『仓』是成功的关键，也是失败的命门。

是卫所驻防地的粮仓，用于供应军粮。

民办粮仓有义仓、社仓和学田仓等。义仓是设在城市的民间粮仓，主要用于赈灾救急。陕西大荔县的丰图义仓是全国唯一至今还在使用的古代粮仓，被誉为“天下第一仓”。社仓是设在农村社区的公益粮仓，库存来源于捐赠，用于农民存丰补歉。这一形式最早由南宋大思想家朱熹倡导，成为民间慈善机构的雏形。学田仓则是书院用于储存粮食的粮仓。

粮食仓储对国泰民安起着决定性的作用，历来被视为国家战略。古代劳动人民发挥聪明才智，全力建造在当时生产力条件下最先进的粮仓建筑，对防潮、防鼠、防虫等一丝不苟，坚决保障粮食的安全。如今我国更加重视粮食安全问题，不断完善粮食储备制度，加强仓储设施建设，进行全过程全方位的严格监管，形成了布局合理的粮食仓库网络，建成了信息化、智能化的大国粮仓，为守护国家粮食安全和社会稳定发挥着重要保障作用。

# 运

（小篆）

趣写古汉字

运量万物而不匮。

——东周·庄子《知北游》（节选）

“运”是“運”的简体字。小篆的“運”字，左边是“走之旁”，表字义；右边是“軍”，表读音。《说文解字》：“運，移徙也。”“運”字的本义就是“移动、运行”，后引申出“移送物体”的含义。

运输业是伴随着社会经济发展、人际交往密切而产生的。粮食是最重要的生活物资，因此是运输的首要对象。最初的粮食运输是短距离、小规模的，基本靠人们的手提、肩扛。人们用麻袋、竹篓、扁担等工具装载粮食，凭借勤奋的双脚将粮食运送到各地。当牛马等牲畜被驯化以后，驮运成为运输的重要方式。尤其是人们将牛马与新发明的工具“车”结合到一起，同时不断改善陆路条件，不仅明显提高了粮食负载能力，还大大延长了运输距离，开启了大规模交通运输的序幕。

在水路方面，江河流水是天然的运输航道，我们有非常丰富的资源。我国地形西高东低，河流自然东流，人们利用这个便利条件发展水运，有着得天独厚的优势。舟楫等工具很早就出现了，在5000多年前的良渚文化遗址中，就出土过船桨。针对不同的水流环境，人们还发明了各种各样的舟，比如桴（fú）、筏、舸（gě）、船等。但是，舟受限于水文条件，水流不到的地方，水运就无法完成。最明显的就是我国南北方

**粮语**

『假舆马者，非利足也，而致千里；假舟楫者，非能水也，而绝江河。』（《荀子·劝学》）相比于其他动物，如果说人有『超能力』的话，那就是善于借助外在力量，进而形成一个互助的庞大网络。在这个网络里，人们交通往来，调配资源，积累财富，共赢发展。这种『运气』，由艰辛的『运作』而来。

向的河流较少，不利于南北水运交通。这时人们就开始发挥聪明才智，搞起了大工程——开凿运河。比如，春秋时期吴王夫差为争霸天下，在江南地区开凿了联结江淮的运河“邗（hán）沟”，打通了粮道。隋炀帝开凿了世界上最长的古代运河，人们称之为“京杭大运河”。它南起余杭（今杭州），北到涿郡（今北京），沟通海河、黄河、淮河、长江和钱塘江五大水系，是南北交通的大动脉。

在我国历史中，人力、畜力和水力是人们运输的主要动力，直到18世纪下半叶才有了质的改变。那时西方开始了工业革命，蒸汽机被发明出来，于是出现了机器动力的现代化交通工具。汽车、火车、轮船以及后来的飞机成为新的运输方式，粮食运输也有了极大的改观。时至今日，粮食运输已经形成了一套发达的物流运输网络，为千家万户吃上品种丰富、健康美味的好粮食提供了极大便利。

# 行

（甲骨文）

趣写古汉字

千里之行，始于足下。

——东周·老子《道德经》（节选）

“行”是个象形字，甲骨文字形很像一个十字路口，该字的本义就是指“通达的道路”，此时读作háng。由“行”字构成的其他字，比如“街”“衢”等，都与道路有关。道路呈现为条状，“行”又引申为人或事物的横、竖排列，即“行列”。

道路是交通运输的基础平台，对人类的生活非常重要。“行”字是道路的统称，除此之外，古人还从不同的角度对道路进行了多种命名，比较常见的有以下几种。

“道”，原始字形比“行”多了一个“首”（表示人的面部），强调人在路上注意观察方向，要走的道路具有一定目的性。

“路”，突出了“足”的作用。《释名》解释道：“路，露也，人所践蹈而露见也。”强调路是人为走出来的，因为“世界上本没有路，走的人多了，也便成了路。”

“途”，强调的是“辶”（走之旁）这个行走的动作，一般指的是行走的路段和过程。

“衢”，指的是四通八达、车水马龙的大路，所以字中有两个“目”，表示需要左顾右视。

**粮语**

『行』，作为『道路』时，是客观存在；而作为『行动』时，是主观的态度和动作。道路有宽有窄、有长有短、有畅有塞，然而人们愿意先行一步、身体力行，那就可能『行得通』。这样的人，真行！

"径"，指较窄的路，一般用于步行，人和牛马均可走，但不行车。

以上这些字，虽然各有侧重点，但基本都能泛指"道路"的含义，日常使用时区分不太严格。还是说回"行"字，由于道路是用来走的，所以"行"又指"行走""行动""可行"等含义，此时读作xíng。

随着人类社会的进步，在原始社会末期已经有人脱离了农业生产而从事手工业、商业等，粮食交换的范围和数量也逐渐扩大。加之道路建设的不断完善，出现了专门的粮食运输活动。道路通了，走的人多了，道路两旁自然就成为交易的聚集点，这样的地方也可称为"行（háng）"，比如"粮行"就是交易粮食的地方。

# 扛

（小篆）

趣写古汉字

力能扛鼎，才气过人。

——西汉·司马迁《史记》（节选）

“扛”是个形声字，左边是“手”（提手旁），表示字义，说明与上肢有关；右边的“工”表示字音，同时含有“手工劳作”的意思，也兼表字义。“扛”字的本义是“用两手举重物”。在具体运用中，该字有两种读音：一是读作gāng，既表示“两手举物”，又表示“两人或多人共抬一物”；二是读作káng，有“用肩膀承载物品”的含义。无论哪种读音，也不管如何举物，“扛”始终需要用到人的肌肉力量。与“扛”字相关联的字，还有“提”“抬”“担”“挑”“背”“负”“荷”等，都是原始运输的主要方式。

起初，粮食运输的量较小，载运条件也比较落后，所以运粮都是靠用手提、肩扛的人力运输。这种运输的特性决定了搬运路途短、数量少、效率低、耗力大，但是即便后来出现了畜力运输和机械运输，人力运输仍然发挥着作用。尤其是在道路条件无法使用运输器械的地方，人的臂膀就是唯一的选择。我们小学课本里有“在泰山上，随处都可以碰到挑山工。他们肩上搭一根光溜溜的扁担，扁担两头的绳子挂着沉甸甸的货物”（冯骥才《挑山工》），这个景象如今仍能看到。

人力运输完全要靠人的体能、意志以及一定智慧。通常，体能和意

挑山工画作

**粮语**

敢扛重担确实不易，它既是一种责任担当，又是一股精神力量。很多道路没有捷径，很多工作无法省力，人们唯一能做的只有『硬扛』，扛得过去就是胜利。

志是相辅相成的：当一个人有坚忍不拔意志的时候，就敢于扛重担，走远路，自然会充满体能；而当体能足以胜任运输任务的时候，意志也会得到强化，支撑着人坚定地走下去。同时，即便是有足够的体能和意志，人们也要尽可能优化运输的方式，减少无谓的损耗，这时就需要智慧了。善用运输工具是一个方面，比如常用到的木篓、条篮和扁担。尤其是扁担，与双手提运相比，能够避免手臂及肘肩关节的承载，可以降低肌肉疲劳。另外，肩挑走路的技巧也是智慧的表现，冯先生笔下的挑山工是这样做的："到了台阶右侧，就转过身子，反方向斜行，到了左侧再转回来，每一次转身，扁担换一次肩。他们这样曲折向上登，才能使挂在扁担前头的东西不碰在台阶上，还可以省些力气。"

从古至今，有无可计量的粮食是靠着这些挑山工，一篓篓、一担担、一步步送到人们手里的。他们是农田与餐桌的桥梁，也是扛起国泰民安重任的脊背。当大家安安稳稳享用美食的时候，他们又扛起了那副扁担出门了，因为他们的责任就是永远在路上。

# 驮

（小篆）

趣写古汉字

再归又六年，疲马欣解驮。

——南宋·陆游《短歌示诸稚》（节选）

“驮”（繁体为“馱”），由“马”和“大”组成，可理解为“马匹而壮实，善于驮运”，以及“马与人一起运输物品”。总之，“驮”字的本义就是“马这类牲畜负载货物”的意思。在使用中，“驮”有两个读音：当读作tuó的时候，表示牲畜负载的动作，如“驮运”；当读作duò的时候，表示负载物品的牲畜或负载的物品，是个名词，如“千车万驮”。

在人力运输之后出现的，是畜力运输。在新石器时代晚期，人们就开始驯养猪、犬、牛、马等动物，除了用于宰杀食用和帮助农作之外，还把它们作为长途运输的主力军。《易经·系辞传》里记载，商朝的开国国君商汤就曾“服牛乘马，引重致远”，运载粮食。畜力运输起初是由牲畜直接驮物，后来人们发明了车以后，由牲畜拉车载物。牲畜直接驮物运输，在地形较复杂的地区较普遍，常见的畜力有马、牛和骆驼。

马来驮运，是最早出现、也是最重要的驮运方式，从“驮”这个字的偏旁“马”就能看得出来。马的体能很好，运动速度快，疲劳恢复也快，能够胜任长途跋涉；并且性情温顺，嗅觉灵敏，能够快速熟悉道路，所谓“老马识途”。马队运输粮食，被誉为“移动的粮仓”，足见其重要性。在我国大西南山区，马以及骡在运输上的作用就更加凸显。那里自然环

## 粮语

在驮运过程中，人们常为马和骆驼系上铃铛。它摇晃发出的『叮咚』声响，引领牲畜形成一支整齐的队伍，又为驮运人员消解了旅途的疲惫，更为目的地的人们带去了无尽的希望。

境危险艰苦，非常不利于运输。然而赶马人及其骡马队凭借着非凡的胆识、勇敢的气魄，将货物运送出来，保障了人们的生活以及经济贸易，他们被称为“马帮”。

在沙漠、戈壁、盐酸地及积雪很深的草地上运送物资时，骆驼是主角。它步幅大而轻快，持久力强，在气候恶劣、水草供应不足的情况下，仍可坚持运输。一般说来，一头双峰骆驼可驮重250～300千克，行程每天可达30～35千米，这是其他家畜及交通工具难以替代的。

青藏高原海拔高、空气稀薄、人烟稀少，历来发展运输极为不便，但牦牛驮运却能解决这一难题。牦牛毛厚而长，体壮耐劳，可以卧雪御寒，爬山负重，素有“高原之舟”的美称。在驮运上，每头牦牛可以负重50余千克，为藏区人民的生活带去了便利。

总之，驮运是人类合理利用畜力发展运输的有效方式，是人畜配合的佳作，在人类农业史、交运史、贸易史以及战争史上都占有一席之地。

# 车

（甲骨文）

趣写古汉字

**有车邻邻，有马白颠。**

——《诗经·车邻》（节选）

“车”（繁体为“車”）的甲骨文，像一辆有车盖、车轴、车轮的古代“豪华”车；有的相对简易些，只有一个车轮、一个车轴。“车”的古今字形有很多样式，但车轮和车轴始终是最核心的元素。因此，几千年传承下来，如今我们仿佛仍然能从“車”字中看到车轮滚滚的情景。

我国是世界上最早使用车的国家之一，相传大约在黄帝时代已经出现了车，并且人们认为车就是由黄帝发明的。据说黄帝是受到了蓬草被风吹动而向前滚动的启发，研制出了车，所以黄帝又被认为是“轩辕氏”。我们看，“轩辕”二字都是“车字旁”。

《左传》里记载，一个叫“奚仲”的人曾担任过夏朝的“车正”官职，管理车辆事务。这说明从夏朝开始，车的使用已经形成了制度。并且，夏朝国君启登位后不久，在攻伐部落“有扈氏”的时候，使用了大批的战车和运输车。而到了秦汉以后，车的使用更加广泛，制作工艺也有了长足的进步。在陕西临潼的秦始皇陵里，出土过当年秦始皇的车马模型，尽管在地下已经埋藏了2000多年，但车的各个转轴仍然灵活，可见其技术之高超。

车与马是联系在一起的，马不仅作为车的动力，而且还是车主地

## 粮语

车轮转动，车辆向前。轮子周而复始，车子却一路狂奔。这个世上，有多少看起来车水马龙的热闹事情，背后却是无数终年如一的默默硬撑！

铜车马（秦，秦始皇帝陵博物馆）

位、等级的象征。古代马车对马的配备有严格的标准要求，尤其是对贵族而言，马越多，地位就越高。古代驾二马，称作“骈（pián）”；驾三马称作“骖（cān）”；驾四马的，就是“驷（sì）”。通常来讲，四匹马的车就是最高规格了，只有皇帝才能使用。如今我们说“一言既出，驷马难追”，最快的驷马都追不上人的语言，可见诚信有多么的重要。总之，车与马的联合，是交通运输史上的一场革命，当它用于粮食运输后，粮食流通的效率明显提高，范围也明显扩大。

另外，车的类型也在不断更新，尤其是出现很多专用于运输物品的车，比如“木牛流马”。根据《三国志·蒲元别传》的记载，诸葛亮率蜀汉军队伐魏时，由当时的能工巧匠蒲元创造出适用山地小道的木牛流马，便于运送军粮。后经考证，它是一种木制的独轮车，经济适用，广泛流传，是一项很有价值的发明，直到现在我们仍能见到。

# 输

（小篆）

趣写古汉字

**输之以车，为卒赐粮。**

——唐·韩愈《平淮西碑》（节选）

从“输”（繁体为“輸”）的小篆字形来看，左边是“车”，说明与车有关；右边的“俞”表示音读，同时“俞”原指挖空树木做船，有“传送、送出”的意思，所以兼表字义。“输”字的本义就是“输送、传运”。

“运输”是一个常用词汇，“运”和“输”两字都有“移送物品”的含义，属于同义字连用；但从二者的偏旁来看，显然还是有差别的。“运”是“走之旁”，是靠行走来运送物品；“输”是“车字旁”，是用车来输送物品。在方式上，“输”比“运”要先进一些。

车的出现，为粮食运输提供了发展契机。一方面，人们将牲畜与车连接到一起，相当于在驮运的基础上，扩增了承载量。另一方面，造车技术不断发展，车的种类增多，安全稳定性也有所提高。并且，随着秦汉以后国家大力修建统一规格的高标准驰道，车辆运输相比于以往的运输方式，有了较大的提速。所以，车辆被广泛用于运输，带动了粮食交易、运输的繁荣发展。后来，人们的运输方式趋于多元化，“输”不再特指车辆运输，其意义得到了泛化：可以指“运输”这一动作，也可以指“输送”这一过程，还可以指“输入、输出”这样不同方向的传输。

“输”字还有一些引申含义。有“捐献”的意思，比如清代的邵长蘅

## 粮语

运输的目的是加强人类社会的联系，是物资流通、人际交往的必要环节。当一个国家运输能力发达、运输网络健全的时候，就说明政令是畅通的、思想是开放的、文化是包容的。然而运输要有往有来，实现双赢；只往不来，就是单方面的『输』。

在文章里说过：“输不必金，出粟、菽、帛、布及他物者听。”（捐送不一定都是金钱，捐粮食、布匹都可以。）还有“交出、拿出”的意思，比如有个成语是“输诚结交”，说的是与人交往要拿出诚意。由于“拿出”东西就意味着自己没有了，所以“输”又引申出“失败”的字义，如今在我们的生活中很常用。

关于推车运输的文献记载
（明·宋应星《天工开物》）

# 舟

（甲骨文）

趣写古汉字

**商人舟米以来者相望。**

——唐·李翱《故东川节度使卢公传》（节选）

人类的道路，除了陆路，还有水路。古人有临水而居的传统，舟船自然是很重的交通运输工具。“舟”的甲骨文字形，勾勒了古代小舟的形状。字中的直线，像木板拼接的缝隙，又像是凿刻痕迹，还像是放在舟中的小桨。

舟船的起源很早，相传人们是看到了漂浮在水面上的树叶或中间朽烂的树干，从中受到了启发，然后才学会了制作舟船。舟的初级形态应该是桴或筏，后来人们用大树干凿刻舟船，增加了容纳空间。《说文解字》：“舟，船也。古者共鼓货狄，刳（kū）木为舟，剡（yǎn）木为楫，以济不通。”意思就是说，以前有叫“共鼓”和“货狄”的人，他们挖木作舟、削木成楫，然后就能到达之前没去过的地方。无论舟船的发明者是不是这两位，可以肯定的是，舟船的出现为人类交通运输提供了极大的便利。明朝抗倭将领戚继光曾对舟船赞扬道：“乘风而下，如车碾螳螂。”可见舟船行驶起来畅快至极，势如破竹。

尽管前文提到古代粮食运输有人力、牲畜、车辆等载体，但实际运输过程却是非常艰难的。首先就是人与牲畜在路上要消耗大量粮食，占所运粮食的比例较大，成本太高，得不偿失。再一个是陆路地形复杂，

关于农舟的文献记载（元·王祯《农书》）

**粮语**

波涛翻滚，暗流涌动，水是难测的，让人产生恐惧。然而，舟是人们挑战自然、战胜恐惧的一种载体。在与江河湖海的博弈中，人们从汪洋中找到立足处，延展出自身的能力，还创造了一个新的世界。正面困难，与恐惧为伍，恰恰是人类独有的精神品质。

需要克服很多天然的困难，如果需要在全国范围大量调粮，这些方式都不太稳妥。所以民谚有“千里不粜（dí）粮”一说。当舟船用于运输以后，情况就得到了明显改观。尤其是唐宋以后，出现了形制较大的货运船，不仅能借助自然动力快速行进，而且有很强的承载能力。

随着水路系统的进一步畅通，粮食运输得到了快速发展，全国形成了庞大的粮食贸易网络。南宋的思想家、政论家叶适在《上宁宗皇帝札子》里记载：“江湖连接，无地不通，一舟出门，万里为意，靡有碍隔。民计每种食之外，余米尽以贸易。”虽然他反映的是江南地区的“一斑”，但我们可以想象到当时全国的“全豹”。

总之，舟船在运载力、便利性、流通效率等方面都有了颠覆式的进步，为粮食运输出开辟了一个广阔的天地。

# 漕

（小篆）

趣写古汉字

**自元明漕东南之粟，以实京师。**

——清·薛福成《应诏陈言疏》（节选）

《说文解字》：“漕，水转谷也。”“漕”字的本义是“利用水道转运粮食”。古代粮食运输，小范围的可用驮运、车运，可是大范围的，尤其是涉及大批量的公粮调运，就必须采用漕运了。

漕运的前提是有可以达到粮食运输要求的船，以及可以通船的水道。这两方面的基本条件，在春秋战国时期都已形成，所以漕运出现。据《左传·僖公十三年》记载：“秦于是输粟于晋，自雍及绛相继，命之曰‘泛舟之役’。”当时晋国连年大旱，秦国便沿着渭河、黄河、汾河等河道，把粮食送到晋国。“泛舟之役”是中国历史上第一次有明确记载的漕运事件，应当是我国漕运的开端。

要发展漕运，仅靠自然江河是不够的，还需要人工凿渠，畅通水道。所以，吴王夫差的“邗沟”、秦国的“郑国渠”以及秦统一全国后开凿的灵渠等水利工程相继出现，并且通过历朝历代劳动人民的不懈努力，在全国形成了贯通畅达的漕运水道。其中被赞为“天下转漕，仰此一渠”（元·脱脱《宋史》）的隋代“京杭大运河”，是集大成者，连通了国家的经济命脉。

粮食运输是一个系统工程，漕运虽是主要方式，但也需要其他运输

《潞河督运图》局部（清·中国国家博物馆）

## 粮语

漕运的速度慢，但体量大；要求高，但规模广。只要能运输成功，那么成效就是惊人的。凡是重要的事情，大抵都有此特点，比如个人修养。

方式的配合。在运输过程中，先用车辆载运到码头，然后换为漕运的称作“转漕”；粮食从水路运到码头以后，再转成车辆运输的，称作“漕挽”。这两个环节间的转换，成为粮食运输的基本作业流程。同时，漕运沿线的重要节点上还会设置中转粮仓。比较著名的有隋代的黎阳仓、含嘉仓，明代的水次仓、丰济仓等。为了确保漕运体系的运转顺利，国家设立了专门的管理机构，比如唐、宋时期设立了转运使、发运使，明、清时期设立了漕运总督部院，可见国家对此的重视。

借助我国大川之力，漕运将粮食运输到全国各地，确保了国民用粮的稳定安全，也促进了粮食贸易的发展。并且，还带动了漕运沿线一座座城市的经济文化繁荣。对国家和人民而言，漕运可谓居功至伟。

# 贝

（甲骨文）

趣写古汉字

**古者贝为货，庶物赖以通。**

——南宋·陆游《研蠡》（节选）

“贝”（繁体为“貝”）是一种生长在海里、有介壳的软体动物，随着潮汐的涨落，贝壳会被冲到岸上，成为点缀沙滩的精美装饰。当孩子们光着脚丫踩在软软沙滩上的时候，每每会被千奇百怪的贝壳吸引住，然后精心收集起来留作自己的“宝贝”。

“贝”字的甲骨文正是一幅贝壳的简笔画，小巧玲珑、纹路清晰。别看它小，它对人类社会可发挥着巨大的作用。这种海边才有的物件，流传到中原地区是非常稀有的，人们都视为珍宝：一方面是因为它确实精美漂亮，得之不易；另一方面因为它构造坚固，能够长期储存。从5000多年前的仰韶文化、龙山文化、大汶口文化遗址中，考古学家都发现了大量的贝壳；在夏朝二里头文化和商周时期墓葬中，“贝”已经是财富的象征，常作为王室的殉葬品，可见它在古代地位之高。

祖先起初将贝壳作为高端的装饰品以及赠人的信物礼品，后来随着社会经济的发展，贝壳又成为了特殊的商品——货币。它是我国最早流通使用的货币，被誉为“货币之祖”。贝币的计量单位是“朋”。据王国维考证，古时人们把5个贝币穿成一串，称作“系”；2系就是“朋”。从“朋”的古文字来看，正像是两串贝壳的样子。人们在商品交换的时候，

海贝（三星堆遗址）

**粮语**

物以稀为贵。小小的贝壳能撬动大大的社会经济，源自它的稀缺性。然而光是稀缺还不够，因为它有可能被人们束之高阁。它结构坚固、小巧轻便，频繁流通不易损坏，这种『通用性』也很关键。

用成朋的贝币去换取自己心仪的物品，对方再拿着贝币去换取别的物品，这样交易双方各取所需，互通有无，成为一个利益共同体，也就成了“朋友”。

到了商朝时，社会贸易日益扩大，天然的海贝供不应求，于是又出现石制贝、兽骨贝、陶制贝等人工仿贝。在青铜冶炼技术出现以后，人们还制作了铜贝等金属货币，这被认为是世界上最早的金属铸币。秦代时，贝的货币作用被废除，由布匹、铜币、金银等代替，但是“贝”在人们心中的地位是根深蒂固的，在社会上的影响也是深远的。我们看很多与钱财、财富有关的汉字都是以“贝”作为偏旁部首的，比如“货”“贫”“资”“赚”等，说明“贝”是货币文化的源头。

就粮食交易而言，当然离不开贝币，不过比较特殊的是，粮食既是交易的商品，其本身也可以充当货币。尤其是在最初以物易物的阶段，粮食的交换功能和支付功能是合二为一的。

# 贸

（金文）

趣写古汉字

**知力耕可以得谷，勉贸可以得货。**

——东汉·王充《论衡》（节选）

“贸”是个形声字。下方的“贝”表字义，指货币；上方的“卯（mǎo）”表字音。《说文解字》：“贸，易财也。”“贸”的本义就是“交易、买卖等商业活动”。我们耳熟能详的诗篇《诗经·氓》里有句“氓之蚩蚩，抱布贸丝”，说的就是一个男子拿着布来交换女子的丝。“贸”与“易”含义相似，经常合用，但二者又略有不同。“易”常指一对一的交换，而“贸”可以指多边交换，并且后期发展成以货币为媒介的交换。

粮食贸易是有着悠久历史的人类活动。在新石器时代晚期，随着粮食生产能力的提高，粮食有了一定剩余，私有制逐步产生。部落成员之间，以及部落之间开始出现了包括粮食在内的物品交换行为。起初交换的品类是很有限的，基本上就是为了满足生存需要而进行的食物和生产资料间的对换，算不上商品贸易。进入奴隶社会，手工业发展起来，城市开始繁荣，人们在自身生存需求之外有了更多的剩余和追求，促进了各类商品交换活动的盛行，而粮食仍然是最主要的部分。“商人”一词源自商朝人的经商特长，据《管子·轻重甲》记载，商朝的开国之君商汤就曾组织妇女用自己生产的纺织品去交换夏人的粮食，开了粮食贸易流通活动的先河。

## 粮语

贸易活动，在本质上是互通有无、互惠互利，在功能上是调剂余缺、平衡供求，在效果上是促进往来、增加财富。总之，『贸』字反映出人类合理分配资源、促进整体利益的独有行为。『流通财物粟米，无有滞留，使相归移也，四海之内皆一家。』（《荀子·王制》）

在封建社会时期，粮食是主要商品，粮食贸易得到了蓬勃发展，出现了定期进行交易的贸易市场。唐宋时期，出现了规模化的经营粮食商业，粮行、粮铺遍布街巷，保证并丰富了百姓的生活需求。明清时期，我国拥有全世界最高的粮食产量，粮食贸易非常活跃。

古代贸易活动

新中国成立以来，粮食一度是国营商业门类，国家实行粮食的统购统销，保障了人民的基本生活。改革开放以后，粮食贸易开始跨越发展，除了建立完善的交易市场以外，如今还有粮食期货、电子商务等新型贸易形式。伴随着经济全球化，我国粮食国际贸易的影响力也在不断增大。

# 易

（甲骨文）

趣写古汉字

**持男易斗粟，掉臂莫肯酬。**

——唐·韩愈《赴江陵途中寄赠王二十补阙》（节选）

前文说到“贸”和“易”字义相近，但略有不同。“贸”比“易”出现得要晚，贸易活动的最初形态应是“易”。

“易”的古文字写法有很多，复杂一些的，描绘了双手拿着容器向另一个容器里倾倒水的情景；而上面图示的甲骨文字形，则是相对简洁明了的，我们可看到字中勾勒出容器和三滴水，保留了倾倒的意象。所以，“易”字的本义是“赐予、给予”。然而，《说文解字》把“易”字解释成“蜥蜴的象形”，大概存在谬误。

水从一处倒到另一处，代表着“改变、更换”，因此“易”又引申出“更易”的字义。如果人们聚集到一起，有意识地交换物品，这就成为“交易”。交易的前提是人们有不同的需求以及物品之间存在着差异，差异可以是种类上的、形态上的或者作用上的等。在原始社会，人们就是用“以物易物”的方式来换取自己所需要的物资，其中最重要的就是粮食。有的粮食交易是以粮换粮，比如可以用粗粮换细粮、用秋粮换夏粮、用稻子换麦子等；还有的是用粮换物，以粮换盐、以粮换布、以粮换牲畜等。随着社会生产力的提高以及生产关系的改变，人们需要交易的物品越来越多，原有的交易方式无法应对复杂的情况，这时就需要一

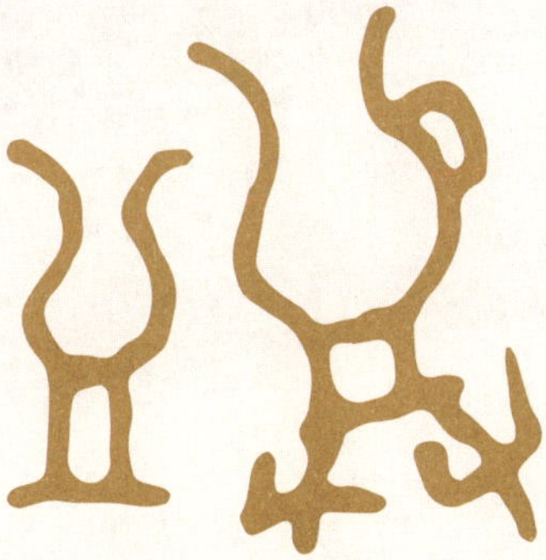

“易”古文字形之一

**粮语**

事物迭代，阴阳消长，古人从复杂多变的环境中感受到了『易』的意蕴，总结凝练出宇宙发展和为人处世的规律，形成了中国独有的传统哲学——『易学』。人们知道，这世上充满着变化，因此，通过『易学』来预测未知、应对未来，是一个化繁为易的办法。

般等价物作为交易媒介，从此“易”开始转型为“贸”，商品贸易逐渐发展起来。

“易”字还可以指“简易”“平易”“容易”等，大概是从倒水这一简单的动作里引申出的字义，生活中我们常常用到。比如：在与人交流的时候，力求表述得“通俗易懂”；在面对新问题的时候，希望解决起来“易如反掌”；在遇到不如意事情的时候，劝慰自己要“平心易气”；在孩子剩了半碗饭的时候，告诫他粮食“来之不易”；在偶然遇到童年玩伴的时候，会感慨到“流光易逝”……

此外，“易”还有“整治”“轻视”“蔓延”等字义，多见于古籍当中，平时我们几乎用不到。

# 市

（金文）

趣写古汉字

**九市开场，货别隧分。**

——东汉·班固《西都赋》（节选）

《说文解字》："市，买卖之所也。""市"字指的是"商品交易的场所"，古今字形变化较大。金文的"市"，上面是"止"，表示"前往"；下面是"兮"，表示"嘈杂的声音"。市场是人们在物资不足时要去的地方，也是商品汇集、人来人往的热闹场所，这些特点都在金文"市"中有了鲜明的体现。

小篆的"市"，由"冂（jiōng）"（像市场的围墙、界限）替代了原来的"兮"，说明市场的规模有了较大发展，出现了新的特征。另外，字中还增加了部件"乁（yí和jí）"，指代"移"和"及"的含义，大概表示的是市场中商品流通的情况。小篆以后的字体，简化得比较厉害，很难看出其意义所在。

市场是伴随着商品贸易的发展而出现的，凡是有人和货聚集、交易的地方，都可以统称为"市"。如果要细分的话，乡间的称作"集"，南方的称作"墟"，平坦开阔的称作"场"，室内摆货的称作"店"等。无论何种形式的"市"，都是熙熙攘攘、热闹非凡的；并且由于带动了地区的发展，"市"后来成为行政区划单位，沿用至今。

据《周礼》记载，西周时期采用"前朝后市"的方式，把市场开设

集市画像砖图（东汉，四川新都）

**粮语**

『城』因『市』而盛，『市』无『城』不兴。一所城市的发展，自古就需要市场的推动。市场代表着开放、包容，意味着交流、融通，尽管可能会掺入负面的因素，但总归是大势所趋。

在宫朝的北面。市场每天分三个时间段开放，交易以商人为主的称作“朝市”，在早晨进行；以百姓为主的称作“大市”，在午后进行；以小商贩为主的称作“夕市”，在傍晚进行。国家还设立了管理秩序、发行证券、征收赋税、监督物价等方面的多种官职，制定了一套比较严密的市场管理体系，成为后世的范本。此后“市”的发展，主要有两个趋势：一是形式越来越多，商业活动更加繁荣。比如六朝时期出现了民间集市“草市”，在唐代时演化成商业中心，还出现了夜市；宋代以后草市、夜市更加普遍，人们在逛市场时还可以进行饮食、娱乐活动。二是市场有严格的规范，管理相当严格。受“重农抑商”观念和政策的压制，市场行为始终处于封建政府的压抑和控制之下。

粮食贸易方面，我国历史上曾在芜湖、长沙、九江、无锡形成了著名的“四大米市”。这些米市地处水稻产地，有稳定的粮食来源；同时位于江河沿岸，水陆交通发达，自然就成为粮食贸易的聚集地，极大便利了人们的生活，也带动了社会经济的发展。

# 价

（小篆）

趣写古汉字

国贫而用不足，请以平价取之。

——东周·管仲《管子》（节选）

如今，“价”是“價”的简体字，其实它们曾经是同时存在的两个完全不同的字。《说文解字》：“价，善也。”“价”字此处读jiè，本义是指“身披铠甲的人”，引申出“美善”的含义。而“價（jià）”在《说文解字》里被解释为“物直（值）也”，其本义是“物品的价值”。后来汉字简化的时候，将“價”简化为“价”，这样“价”字就有了两个读音、两个字义。

从“價”的小篆字形里可以看到，左边是“人”，表示与人有关；右边是“贾”，既表读音，又表字义。“贾”字中有“贝”，本义指“买卖”，从事买卖的人古代被称为“商贾”。总之，“價”可理解为“物品通过货币数量而体现出的效能”，主要反映在价格上。

价格的多少，通常用货币单位来衡量。前文说过，“贝”作为货币的时候，单位是“朋”。而后世货币发生了变化，开始使用金属制的“钱”，单位有“贯”“吊”“串”“索”“缗（mín）”等，这是根据铜钱穿成串的大小来界定的。还有“文”，是指代铜钱上的文字，也是古代铜钱的最小单位。还有“两”，是根据金银等贵金属的重量来计量的。近现代出现了“圆”“角”“分”等单位，我们至今沿用。

粮食的价格，比较特殊，因为其本身就是一种实物货币，具有支付

## 粮语

价，本无绝对的高低。确立的坐标不同，就会产生不同的定价。有人说，生命诚可贵，爱情价更高。有人认为，生与义不可兼得，舍生而取义。真正重要的东西，外界无法定价，全在自己的『价值观』里。

功能。粮食价格单位就是以粮食的重量“斤、钧、石”等或容量“升、斗、斛（hú）”等来计量，其他商品的价格直接由粮价决定着。当粮食不再是货币的时候，粮食价格对整体经济的运行仍有巨大的影响力，因此，历代政府都极为重视保持粮价的平稳。唐宋以后，官方建立了全国粮食价格情报系统，及时掌握粮食价格动态，并发挥常平仓的作用，对粮价进行合理调控，避免出现歉收时“谷贵伤民”和丰收时“谷贱伤农”的情况。新中国成立后，在较长一段时间里对粮食实行统购统销，平抑粮价，稳定经济活动。自改革开放至今，国家在宏观调控的前提下逐步放开市场，粮价按照市场经济规律保持基本稳定。

随着生活水平的不断提高，人们在衡量物品价格的时候大概很少以粮食为参照。但是粮食作为“刚需”，其价格的重要性始终不容小觑，这是保障人类生存的底线，关乎着人们的整体命运。

# 购

（小篆）

趣写古汉字

**四方购殊品，十倍酬善价。**

——北宋·孔平仲《子明棋战两败输张遇》（节选）

“购”的繁体为“購”，从小篆字形上来看，由“贝”和“冓”组成。“冓（gòu）”有“相交、交换”的含义，因此既表字音，又表字义。《说文解字》：“购，以财有所求也。”“购”字的本义是“用金钱去换取所需”，也就是“购买”的意思。说到“买”字，它跟“购”有相同的字义。“买”的繁体字形是“買”，“贝”上有“网”（也写为“罒”），表示“网罗商品”之义。不过，“购”与“买”略有区别：前者通常指重金购入，是比较重要的“买”，而后者指经常性买入，是平民化的“购”。两个同义字连用，成为人们日常生活中必不可少的词汇——“购买”。

按照“购”的字义，老百姓平日的经济行为一般称作“买”。而官方的经济行为则可称为“购”。一般而言，官方所用的粮食等重要物资，基本靠赋税而来，但在供应不足的情况下也需要向民间采购。自北魏时期开始，我国实行了一种官方贸易，称作“和籴”。唐代诗人白居易曾对“和籴”解释道：“官出钱，人出谷，两和商量，然后交易也。”官方购粮，为家有余粮的农民开拓出新的收入来源，对民间是有益处的。据《新唐书·食货志》记载：“天宝中，岁以钱六十万缗赋诸道和籴，斗增三钱，每岁短递输京仓者百余万斛。”意思是说，官方以比市价每斗多三钱

## 粮语

购是一种自由，因为可以获得自己想要的东西。购又是一种限制，因为只能用金钱去换取。我们既要努力拼搏，力争获取更多的金钱去获得更多的自由，同时又要警惕切不可沉迷于此，毕竟有的自由并不需要用金钱购求。

的价格收购粮食，并运送至国都。这样的交易过程能同时满足官和民的需求，气氛确实很“和”。

不过，随着国家形势的变化，后来的“和籴”有了强制收购的意味。因为官方购来的粮食多用于军事需要，以及粮仓储备，这些都是国家大事，容不得讨价还价，更容不得商人从中作梗。然而，如果掌握不好分寸的话，就会演变成强权贸易，害处比严苛的赋税还要大。

与“购”“买”相生相应的贸易行为是“销”和“卖”，指的是商品供应方的活动。我们也可以理解为：“销”是大规模的“卖”，“卖”是日常性的“销”。这些字如同处在贸易天平两端的砝码，此起彼伏地描绘着人类经济发展的轨迹，见证着人们如何在你来我往的贸易活动下生活着、奔波着、苦恼着和幸福着。

# 量

（甲骨文）

趣写古汉字

量入以为出。

——《礼记·王制》（节选）

“量”字的楷体由“日”“一”“里”构成，与原始字形字义有较大的出入。该字的甲骨文字形是由“日”和“東”（简体为“东”）构成。“日”指的是露天；“东”，形状像一个大口袋，用于装物。“量”字的本义是“在露天的地方把物品装袋，从而度量物品的多少”。

在粮食流通过程中，测量粮食的多少是基础性的工作。最初人们都是采用目测、手掂等原始办法，不够精准，会造成一定损失。随着粮食贸易的不断发展，制定测量的标准、采用统一的测量器具便很有必要。《大戴礼记·五帝德》记载，黄帝“设五量，抚万民，度四方”，说明黄帝时代就有了度量意识和标准。然而，我国历史悠久、地域广阔、文化多样，各时代、各地区对于度量器皿和单位的标准都有所不同。就拿战国时期来说，秦国的测量单位是升、斗、斛；鲁国为釜、庾、秉；齐国为升、豆、区、釜、钟；魏国为斛、斗、益……就是在一国之内，新旧单位量制也很混乱。

秦始皇在统一全国后，颁发了统一度量衡诏书，对测量标准做了明确的规定，并在《秦律》中严格了器具的误差范围，从而促进了计量器具的规范和标准化，全国各地终于一致起来。这里需要注意的是，“度量

新莽嘉量（中国台北“故宫博物院”）

**粮语**

『量』字上的『日』，值得深思。称量物品要在露天的地方，也就是『天下公开』。度量衡要公布天下、统一标准，否则就会不公平、不公正。而度量的意识和行为更是要阳光透明、诚实守信、不偏不倚、童叟无欺，这样的『量』才最有力量。

衡”是三个不同的测量角度：计量长短称为“度”，计算容积称为“量”，计量轻重称为“衡”。对于测量粮食而言，主要的方法是“量”和“衡”，其中“量”在古代社会最常用。

我国的量器出现很早，如前所述，器皿的名称也很复杂。总体而言，汉代以后度量衡制度逐渐稳定下来，容量自小而大的量器主要有龠、合、升、斗、斛、石等。尤其是新莽元年（公元9年），出现了一个铜制“集大成”的标准量器，称为“新莽嘉量”。它“五合一”的造型可以测量龠、合、升、斗、斛五种容量，对后世影响较大。据说，乾隆初年，清廷得到了新莽嘉量，乾隆帝认为这是天意，应当在宫中安设。于是以新莽嘉量为依据，考核了唐太宗时所造方形嘉量的图式，制造了方形和圆形嘉量，至今我们还能在北京故宫和沈阳故宫看到象征国家统一和集权的嘉量。

# 容

（金文）

趣写古汉字

**其心休休焉，其如有容。**

——《尚书·秦誓》（节选）

“容”是由“宀”（指房屋）和“谷”（指山谷）构成，两者都是可以盛放物品的地方，因此“容”字的本义是“容纳、承载”。我们说，可以承受物品的器物称作“容器”，能够装入物品的多少称作“容量”。

顾名思义，“粮食容器”就是指容纳粮食的器皿，起初就是陶罐、陶瓮等。后来人们为了便于掌握容器里粮食的数量，开始在器皿上刻画记号。商朝安阳殷墟里就曾出土了大量有记号的陶器，被认为是具有测量容量功能的器皿。随着粮食贸易的扩大，人们对容量的要求越来越精准，于是出现了许多专门用于计量的容器，我们称之为“量器”。前文已经提及过很多量器，如斗、升等，是测量粮食的主要工具。除了测量容量，容器的重要功能还有储存。小的如瓮、罐，稍大的有粮匣、米缸，再大一点的有窖穴、粮仓，都可算作广义上的容器。

容器越大，容量越大，储存的粮食也就越多，代表着人们的日子就越富足，所以“容”就是人们能力的象征和底气的来源。如果把器皿的容量引申到人的精神品格上，那就代表了人的胸怀、格局和气度。我们常说“宽容”“包容”“容忍”，这都是人可贵的品质。湖南南岳佛寺里有副对联，其中有“大肚能容，容天容地，于人何所不容”的名句，这是

**粮语**

器皿的大小决定着容量，固定不变，可以测算。人的心灵却不会被身体限制，可比天高，可比海阔，可比地厚，无边无止。当一个人能够做到兼收并蓄、博采众长、谦虚大度的时候，那他就是无所不容的贤人君子了。

何等的开阔豁达！当一个人的心里能装得下天地，说明他已经是在俯瞰众生了，那么人际交往中遇到的一些纷争、纠缠，实在是微不足道的。这样的人因为内心足够“包容”，所以再难再复杂的事情也会变得“容易”，为人处世也就足够“从容”。这就是“容”的好处，能够让人“卒然临之而不惊，无故加之而不怒”（苏轼《留侯论》），宠辱偕忘、波澜不惊。

相由心生，当人内心健全的时候，外形也会健康，“容颜”就会美丽。此时的“容”字，从内部走向了外部，由内涵折射到外表，让人笑容灿烂、容光焕发。

# 衡

（金文）

趣写古汉字

衡不同于轻重。

——东周·韩非《扬权》(节选)

“衡”的字形，是在表示字音的“行”字中间插入了“角”和“大”。“角”指代牛角，“大”指代一个人。“角”和“大”合在一起，表示“牛角触人”的意思。《说文解字》：“衡，牛触，横大木其角。”“衡”字的本义是“绑在牛角上、防止触碰到人的横木”。后来这根横木又放在了古车上，安在了屋梁上，成为古代天文仪器的零件，也用于楼房边的栏杆。不管它用作什么，最大的特点就是平直，所以又引申出“衡量”“标准”等字义。

“衡”字在古代可以特指“秤”，一种能够称出重量的工具。1989年，陕西省眉县常兴镇的一座汉代墓中，出土了一个完整的木质杆秤，可见汉代已经有了这种工具。杆秤由秤杆、秤砣、秤盘三个部分组成，利用了杠杆原理。称量时人们移动秤砣，使秤杆保持平稳，不至于倾斜，这种状态就是“平衡”。根据此时砣绳在秤杆上所对应的星点，即可读出被称物的质量。秤砣又可以称作“权”，有石质的，也有金属质的；移动秤砣的动作也可以称为“权”，因此用杆秤称量物品质量的过程，就是“权衡”。后来，“权衡”又成为人们考虑、掂量、斟酌、比对等思维动作的代名词。

## 粮语

天地之间有杆秤，那秤砣就是良心；有意义的人生，需要不断去衡量。抵不住良心的事情，就是缺斤少两的次品；能与良心持平的，那才是货真价实的宝贝。

杆秤

据说杆秤是春秋时期的鲁班发明的，他根据北斗七星和南斗六星在杆秤上刻制13颗星花，定13两为1斤；秦始皇统一六国后，在秤杆上添加了“福禄寿”3颗星，共计16星，并改16两为1斤。还有一种说法是春秋时期的范蠡从钓鱼竿上得到启发，然后发明了杆秤。总之，杆秤制作轻巧、方便携带、造价低廉，流传了千百年，至今有些地方仍在使用。

除了杆秤之外，重要的粮食称重工具还有台秤和地磅，它们是现代才出现的机械化工具，主要特点是承重能力比人工杆秤要大得多，并且劳动强度小，在现代粮食流通中广泛应用，不可或缺。

# 算

（小篆）

趣写古汉字

承流而枝附者，不可胜算。

——南朝·刘勰《文心雕龙》（节选）

“算”的小篆字形，由三部分组成：上面是竹子，表示竹制品；中间是“目”，表示用眼睛来数数和计算；下面是双手，表示用手来摆弄计算工具。“算”字的本义就是“核计数目”。“算”的另一种写法是“祘（suàn）”，看起来像四根横放的和六根竖放的小棍，据说可以用于十进位的运算。

最初我们祖先使用的计算方法，如今仍然在用，那就是伸出手指计数，所以有“屈指可数”的说法。但毕竟人类只有十根手指，再大一些的数目就无法计算，因此又发明出“结绳记事”，把重要的事情通过绳上的疙瘩体现出来。再后来，人们又创造了一种更先进的计算工具——算筹，一种经过加工后的小棍子，有木制、竹制、骨制和铜制的。人们按照一定的规则排布算筹，达到计算数量的目的。“算”或“祘”展现的正是人们排布算筹的情景。

粮食流通过程中，计算数量是必不可少的环节。尤其是在粮食贸易越来越繁荣的时候，“数”是知此知彼的基础，“算”是预估得失的前提。没有“算数”的过硬本领，在交易过程中就不能确保自身的利益，更谈不上赚取利润了。所以把数目算得更精确，是人们孜孜以求的目标。在

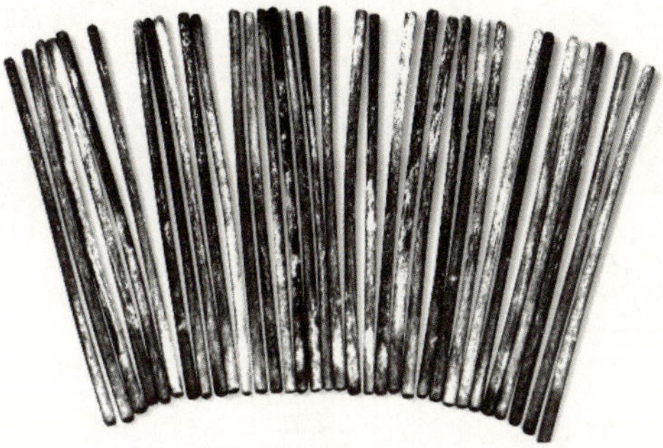

算筹（战国，河北博物院）

## 粮语

算，是人类独有的思维，能帮助人们从具体的事物中判断、推理出隐含的规律与关系，进而挖掘出事物的本质。面对重要的事情，人们要『运筹帷幄』，做到『心中有数』，有了这样的『精打细算』，才能『决胜千里』。

这种趋势下，新的计算工具应运而生，最具代表性的就是中国算盘。

在东汉数学家徐岳的《数术记遗》中最早出现过“珠算”的说法，大概是算盘的雏形。北宋以后，出现了“串档算珠”，就是在木框内用竹棒穿珠的算盘。算盘被中间一根横梁分成上下两部分，上半部每根木棍上有两个珠子，每个珠子可当数字“5”；下半部有五个珠子，每个珠子代表数字“1”。算盘有圆形、八角形以及常见的长方形，造型精巧、运算方便，千百年来一直是劳动人民普遍使用的计算工具，对经济贸易和科学技术的发展起到了巨大的促进作用，被联合国教科文组织评为人类非物质文化遗产。

# 利

（甲骨文）

趣写古汉字

天下熙熙，皆为利来；

天下攘攘，皆为利往。

——西汉·司马迁《史记》（节选）

“利”的古今字形几乎没有变化，左边是“禾”，右边是“刀”，描绘的是收割庄稼的场景。有的甲骨文还在刀刃处加上了几个点，表示收割时散落的禾秆碎屑。该字的本义就是“收割”，后引申为“锋利”，我们常见词汇“锐利”“利器”“其利断金”中的“利”正是此义。收割庄稼对农民来说是有所收获的，因此“利”又引申出“好处、收益”等含义，可构成“利害”等词汇。

俗话说“无利不起早”，趋利性是人类的本性，确切地讲是万物的本能。一棵向日葵要面向阳光，这样才能发生更多的光合作用，利于自身成长；一尾鱼要在平稳的水流中产卵，这样才能保证鱼卵的存活，利于生命的延续。任何事物要发展，都须努力争取对自己有益的条件，那些无益甚至有害的因素，都要尽可能地规避，这就是“趋利避害”。在这方面，人不仅顺应了天性本能，还充分发挥了聪明才智，让“利”最大化，让“益”广泛化。

经济贸易是以“利益”为驱动的人类特有活动，从业者的意识、行为就是为了赚取利益，这是天经地义的。《易经·说卦》里有“为近利，市三倍”的说法，为了获得利润，商人会以三倍（甚至多倍）的价格出

## 粮语

『利』在中华文化里是个意义丰富的字。孔子说：『君子喻于义，小人喻于利。』这里的『利』指的是『功利』『私利』，是被君子所不齿的。然而，当『利』的对象是他人，甚至是天下的时候，那就是『大利』『公利』，也就成为了『义』的核心、『仁』的实质。所以，『利』的高下，取决于为谁所谋。

售商品。可见在先秦时期，贸易活动的利润空间就已经很大了。就粮食贸易而言，战国时的白圭可算是“祖师”级的人物了。《史记·货殖列传》中有“天下言治生者祖白圭”的记载，称赞白圭能经商致富。白圭的过人之处是善于把握市场行情，在丰年时廉价收购粮食，歉年时再高价出售，从中赚取利润差。不过，粮食关系到国计民生的稳定，从国家层面来看当然不能让商人从中赚取过多利润，因此绝大多数时候粮食贸易是由官方控制的。与商人不同的是，官方的主要目的是平抑物价、安邦益民，在歉年的时候常以平价或低于市价的价格出售粮食，并不以此赚取利润。

“君子爱财，取之有道”，这是我国传统商业观念。人们可以靠自己的努力去逐利，但要按照合法的途径，遵循道德规范。所以商人向来在人们心目中的理想形象是“儒商”——既有君子风范，又有商人才能。

粮食风俗

# 粮之礼

# 礼

（甲骨文）

趣写古汉字

仓廪实而知礼节。

——西汉·司马迁《史记》（节选）

“礼”是“禮”的简体字，从甲骨文的字形可见，最初的“禮”字并没有“示”字旁，单纯就是“豊（lǐ）”字。

“豊”是一个高脚的“豆”里盛放了两串“玉”，表示“行礼敬神”。豆是古代饮食用器，也是祭祀用器；玉是祭品，代表进献的玉帛。“豊”的本义指“用玉来事奉神祇”，后泛指祭祀奉神的行为。

“示”字也与祭祀有关，上面的“二”是“上”的古字，代表天；下面的三个竖，代表日月星。甲骨文的“示”就像是一个T型的祭祀台。

在“豊”旁增加一个“示”，新构成了“禮”字，丰富了祭祀的场景，使得“举行礼仪、祭神祈福”的含义也更加鲜明。“禮”字后来又泛指“社会生活中由于人们的道德观念和风俗习惯而形成的礼仪等”。

仓廪实而知礼节，衣食足而知荣辱。温饱是最大的民生，在衣食还没有着落的时候，人们会为求生而挣扎，要受到自然本能的驱使。如果不是达到一定精神境界的人，就不会顾忌礼义廉耻，也无暇谈论诗词歌赋。然而当温饱得到满足的时候，国泰民安，社会稳固，人们就有可能去追求更高层次的目标。这时，道德礼仪、文化艺术就有了发展的基础。

焚香礼敬

## 粮语

《易经·贲卦》：『观乎天文，以察时变，观乎人文，以化成天下。』文化，来自于对天道规律的观察，应用在顺应变化的实践，形成了人伦道德礼仪，凝结为教化天下的经验。也可以说，文化来源于生活，丰富于天下，服务于人心。

祭祀文化是人类早期文化的核心，是人类在生产劳动实践中对天道自然、神灵祖先和族群命运等长期观察后凝练出的文化行为。众多道德礼节和艺术形式也都脱胎于早期祭祀仪式。所以，“礼”可以作为人类文化的一个代名词。

《礼记·礼运》说：“夫礼之初，始诸饮食。”粮食在祭祀文化中扮演着重要角色。先民们敬天敬神，起初就是要表达对赐予食物的感谢和对未来丰收的愿望。随着人们对粮食的认知不断加深，对食物的要求不断提高，与粮食有关的祭祀礼节、节庆风俗、饮食习惯、民俗风味等日益丰富，形成了缤纷灿烂的粮食文化，大有可观！

# 天

（甲骨文）

趣写古汉字

**王者以民人为天，而民人以食为天。**

——西汉·司马迁《史记》（节选）

“天”最初的字形，是在“大”之上加上了大圆点或“口”，有的加上了“一”或“二”。“大”字是一个人正面站立的形象，而上方加上的均是抽象符号，指代人之上的地方。所以，“天”的本义就是“头顶”，后来引申为“天空”，又神化为“天帝”。《说文解字》：“天，颠也。至高无上。”由于地位高，所以很重要，那些被视为“天”的事物，自然要受到人们的重视和敬仰。

对于国家而言，人民是根基，是一国之“天”，这是“民本思想”。我国先秦时期开始有“敬天保民”的意识，后来历朝历代都传承下来，一直发展成如今“以人为本”的民生理念，其思想主旨一脉相承，主要体现在：畏民重民，尊重和敬畏人民；知民悦民，体察民情民意；爱民恤民，体恤爱护人民；忧民利民，关心人民疾苦，为民谋利益；富民强国，使人民富裕、国家强大。民本思想是治国安邦的良方，也对中华文明的发展发挥了重要作用。

对于人民而言，粮食是保障，是万众之“天”，这是“贵粟思想”。《尚书·洪范》中写道：“粮为八政之首。”《管子·国蓄》中有言：“五谷食米，民之司命也。”唐太宗说：“国以民为本，人以食为命，若禾黍不

粮语

『天』，也是『先』。以何为先，体现出我们的价值观、人生观和世界观，反映出万事万物在我们心中的先后顺序。『天』立得对，『人』就走得正，『事』才办得成。

登，则兆庶非国家所有。”粮食是最重要的生活资料，与每个人都有切身利害关系，直接决定着人们的生活水平和国家政权的长治久安。历代明主贤君无不把粮食问题视为根基性的问题，以确保百姓富足、社会和谐、政权稳固。

粮食来源于生产劳作，农业是百业之“天”，因此历朝历代又都秉持着“重农思想”。富民强国的关键在于发展农业，我国古人充分认识到了农业的极端重要性，强调一切社会事务都要在“不违农时”“不偷于农”的前提下开展，倡导“令民归心于农”“使民务农”的社会风尚。这些在长期的治国过程逐渐形成的重视农业的做法和理念，成为“治国之要”。

总之，无论从哪个立场来看，人们的粮食生产都是天大的事情。这个“天”，是我们社会发展的必然要求，是文明传承的物质基础，是人类繁衍生息亘古不变的法则。

# 时

（金文）

趣写古汉字

**不违农时，谷不可胜食也。**

——《孟子·梁惠王上》（节选）

“时”字，原本写为“旹（shí）”。从字形上来看，“旹”的上面是“止”，表示“到达”的意思；下面是“日”，指代太阳。整个字的含义是“太阳的运动”，由此形成了时间的概念，后来又引申出“时机、时节”字义等。至于“時”（“时”的繁体字）的字形，其实是在“旹”的基础上增加了“寸”，将原来上下结构的字变成左右结构，表示太阳的运行有分寸、有规律。

在现实生活中，时间见证着宇宙乾坤的运行流转，决定着万事万物的盛衰兴废。它无形却又有力，残酷却又公平，任何人、任何事都无法逾越时间的限制。对于“靠天吃饭”的农耕民族来说，时间给天地带来的变化，直接影响着作物的荣枯和人们的存亡。所以，人们格外敬重和关注天时更迭与万象变化的关系，通过长期的观察逐步摸索出一套大自然的运行规律，并运用在农业生产上，确保粮食增产丰收，人们生活安稳无忧。

在人们总结天时的智慧结晶中，最具代表性的是“二十四节气”，这是一套我们中国人通过观察太阳运动而形成的时间知识体系及实践经验。它起源于战国时期的中原地区，后来逐步完善，到了汉代得以确

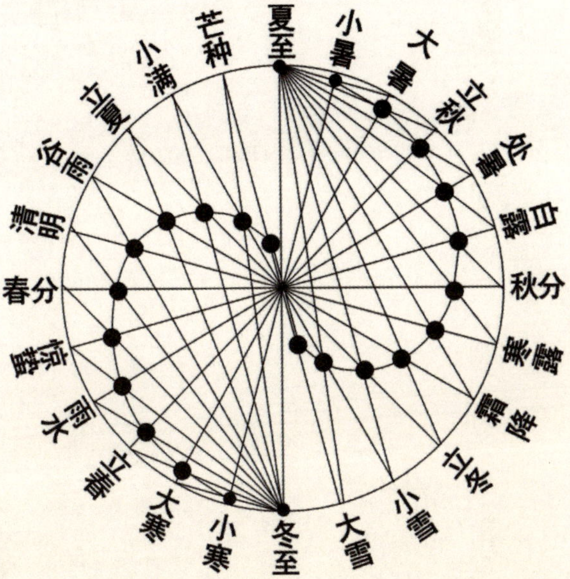


二十四节气示意图

**粮语**

岁不我与，时不我待。万物都有自己的生长节奏，万事都遵循一定的发展规律。在恰当的时机，做恰当的事情，既符合自然法则，也是我们做人做事的基本要求。

立。经过两千多年的发展，“二十四节气”成为我国独有的一种文化现象，被国际气象学界誉为“中国的第五大发明”，入选了人类非物质文化遗产。

顾名思义，“二十四节气”是人们根据天时气候的特点将一年划分为二十四个节气，每个节气约间隔半个月，分列在十二个月里面。“节”指的是时节，有立春、惊蛰、清明、立夏、芒种、小暑、立秋、白露、寒露、立冬、大雪和小寒等；“气”指的是气候，有雨水、春分、谷雨、小满、夏至、大暑、处暑、秋分、霜降、小雪、冬至和大寒等。这二十四个节气是人们进行农事活动的主要依据，充分反映了我国传统农业关注农时、尊重自然规律的粮食观念。

时至今日，“二十四节气”对农业生产仍然发挥着重要指导作用，并且还作为我国传统节庆文化得到了更广泛的传承，而其中蕴含的“重时”理念也沉淀为中华民族的核心价值观，体现在人民生活的方方面面。

# 力

（甲骨文）

趣写古汉字

**力拔山兮气盖世。**

——秦末·项羽《垓下歌》(节选)

“力”是个象形字。从甲骨文的字形来看，像一个古代耕地用的工具，上有柄，下有尖，也就是“耒（lěi）耜（sì）”。而《说文解字》把“力”解释为人的力量，“力，筋也。像人筋之形”。不管“力”指的是“劳作工具”，还是指“人的力量”，其实殊途同归，最终都要归结到“体力、气力”的含义上，因为使用工具也需要人去用力。后来“力”又引申出“能力”“权力”“尽力”等含义，这也不难理解。总之，“力”字给人的直观感受就是富有阳刚之气，我们甚至可以从中聆听到祖先挥动农具与沙砾碰撞而发出的砼砼声响。

无论是自然生理因素还是社会价值认同，千百年来男性一直都是力量的象征。能力越大，责任就越大。在早期社会，男性通常要担负压力更大、消耗更多的任务，尤其是体力劳作。“男耕女织”是常见的社会分工形态，男性多在“田”里出“力”，我们可以从汉字“男”中看出男性的社会角色。烈日炎炎，田间地头，一位男子辛勤地用汗水浇灌着脚下的土地。偶尔他会直起腰，擦一把额头上的汗，看看身后刚刚翻锄松软的土壤，期待着秋天能有个好收成。他一家老小的基本生活，全靠着这一方田地，因此男人必须要在这里投注很多精力，花掉很长的时间，年

（甲骨文）

天下熙熙，皆为利来；
天下攘攘，皆为利往。
——西汉·司马迁《史记》（节选）

“利”的古今字形几乎没有变化，左边是“禾”，右边是“刀”，描绘的是收割庄稼的场景。有的甲骨文还在刀刃处加上了几个点，表示收割时散落的禾秆碎屑。该字的本义就是“收割”，后引申为“锋利”，我们常见词汇“锐利”“利器”“其利断金”中的“利”正是此义。收割庄稼对农民来说是有所收获的，因此“利”又引申出“好处、收益”等含义，可构成“利害”等词汇。

俗话说“无利不起早”，趋利性是人类的本性，确切地讲是万物的本能。一棵向日葵要面向阳光，这样才能发生更多的光合作用，利于自身成长；一尾鱼要在平稳的水流中产卵，这样才能保证鱼卵的存活，利于生命的延续。任何事物要发展，都须努力争取对自己有益的条件，那些无益甚至有害的因素，都要尽可能地规避，这就是“趋利避害”。在这方面，人不仅顺应了天性本能，还充分发挥了聪明才智，让“利”最大化，让“益”广泛化。

经济贸易是以“利益”为驱动的人类特有活动，从业者的意识、行为就是为了赚取利益，这是天经地义的。《易经·说卦》里有“为近利，市三倍”的说法，为了获得利润，商人会以三倍（甚至多倍）的价格出

## 粮语

人在控制自己的时候最『有力』。生活中不定因素太多，有些事情需要靠『运』，人力无法介入。而我们能掌控的，是自己的态度、思想和言行。如同在田间耕作的人，即便遇到天灾，也不会放下手中的铁犁，因为这是他生存的希望。对待人生，我们要做乐天派、实干家和奋斗者，不管风云……，都要勇敢地拿起自己的农……挥出拔山之力，

趣写古汉字

……作，用双手来创造安……就这样，他的一生都与……联系在了一起。

……作为一个汉字部首，构成……“力气”有关的汉字，比如……劳”“劲”“勤”“助”“努”“功”……等。这些字的含义富有动感和……，也展现出人类通过努力来改……界、创造世界的自信和期望，……着正能量，使人昂扬奋进。

……我们每个人的“力”可能有大……，但是只要愿意出力，善于用……持续发力，生活终究会变得越……好。这是千百年来祖先们在广……地上，用实际行动为我们留下……活智慧。

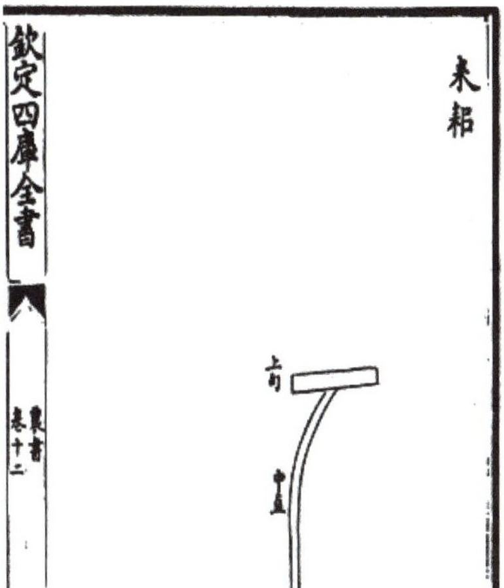


关于耒耜的文献记载（元・王祯《农书》）

# 勤

（金文）

趣写古汉字

**业精于勤，荒于嬉。**

——唐·韩愈《进学解》（节选）

“勤”是个形声字，其中“力”表字义，“堇（jǐn）”表读音，本义就是“辛劳多做，持续不断地做”。这个字与表示农业工具的“力”有关，说明它起源于农事生产的过程中，也很能反映我国传统粮食观念。

“勤”是把事做好的前提和基础。排除偶然因素来讲，一个人只有在某方面做到了“勤”，才有成功的希望；如果做不到，那连希望都没有。《左传·宣公十二年》说：“民生在勤，勤则不匮。”人民的生计需要靠勤劳来保障，能够做到勤劳，生活就不会匮乏。“一日不食则饥”，在所有事情中，能吃上饭是人类生存的基本前提。农业生产这种关系到国计民生的大事，耽误不得，懈怠不得。所以说，“勤”对农民而言是第一要求，人们必须时时勉励，勤奋劳作。

农业劳作考验一个人的意志、品德和体能等多方面的素质。现在我们生活富足了，基本不存在饿肚子的情况，于是向往宁静无忧的田园生活，崇尚与世无争的归隐状态。殊不知，如果真拿起锄头到田间地头去劳作，每天面对着静默的农作物，尤其是一辈子都要在这里耕耘，那是极其辛苦的，挑战着我们身心抗压能力的极限。自古至今，有无数普普通通的农民在广袤土地上默默地承受着压力，忍受着艰苦，用一锨一镐

有的思维，能帮助人们
物中判断、推理出隐含的
系，进而挖掘出事物的本
重要的事情，人们要『运筹
做到『心中有数』，有了这样
打细算』，才能『决胜千里』。

势下，新的计算工具应运而生，最具代表性的就是中国
。

在东汉数学家徐岳的《数术记遗》中最早出现过“珠算”说法，大概是算盘的雏形。北宋以后，出现了“串档算珠”，就是在木框内用竹棒穿珠的算盘。算盘被中间一根横梁分成上下两部分，上半部每根木棍上有两个珠子，每个珠子可当数字“5”；下半部有五个珠子，每个珠子代表数字“1”。算盘有圆形、八角形以及常见的长方形，造型精巧、运算方便，千百年来一直是劳动人民普遍使用的计算工具，对经济贸易和科学技术的发展起到了巨大的促进作用，被联合国教科文组织评为人类非物质文化遗产。

## 粮语

『天行健』是天的勤，所以日月星辰回环往复，万事万物不断演化。『自强不息』是人的勤，所以我们能创造美好的人生，获得做人的尊严。同是天地万物中的一类，人类能逐步与其他物种拉开差距，很重要的一点是我们能有意识地约束自己、强化自己、更新自己，获得丰富的生活体验。这样的『勤』，人类独有，今后也不能丢。

去维系生活、改变命运。“雨足高田白，披蓑半夜耕。人牛力俱尽，东方殊未明。”（唐·崔道融《田上》）诗人的语言再精准，恐怕也道不出农民辛劳的万分之一。农民都是实干者，不会去标榜自己有多么的勤劳肯干，但都会用实际行动去诠释对生活的坚忍不拔。

在农田里锻造出的勤劳品德，在促进我国农业大发展的同时，也沉淀为中华传统美德，滋养了每一位华夏儿女，融入到了我们的生活中。比如，中国传统社会特别崇尚“耕读传家”，老百姓希望通过耕田养家糊口，立命安身；又希望通过读书修性达礼，立德荣身。然而不管是耕还是读，都不是一蹴而就的事情，其中隐含着一条主线，那就是“勤”。勤劳，才能传家远；勤学，才能继世长。可以说，“勤”是中国人最重要的品质之一，也是我们必须要传承下去的优良传统。

# 丰

（金文）

趣写古汉字

**五谷丰登，社稷安宁。**

——《六韬·龙韬》（节选）

“丰”和“豐（fēng）”是两个不同的字。“丰”像一株根茎粗壮、籽实饱满的农作物，而“豐”则像两株“丰”放在了器皿（豆）里面，本义是“盛满”的意思。我们看“豐”和“豊”（“礼”）字形很像，只不过“豊”是指容器里放着两串“玉”。后来“丰”成为“豐”的简化字，代表“丰富、丰盛”的含义，又指草木“丰茂、繁盛”。

逢年过节，在人们互相寄送的吉祥祝福里，总会有“五谷丰登”，这是农民最大的期望，也是国泰民安的必备条件。自古以来，每当农业大丰收的时候，人们都要举行盛大的庆典仪式，向上天、神灵以及祖先进献新收获的谷物。为了体现仪式的隆重性，人们会用一种称为“豆”的器皿盛放谷物，双手秉持，并缓缓登上祭台，供上祭品，借此表达出敬畏和感恩。所以，“丰登”一词既反映了人们丰收时的喜悦，又蕴含了敬天祈丰的思想。

粮食的丰收，需要上天的帮助，但根本还是要通过人们的劳动，“等靠要”是得不到粮食的。所以，祈愿归祈愿，人们知道这只不过是一种情感上的向往和寄托，当双脚真正站在土地上的时候，大家全部的精力还是要放在如何加快生产上，只有这样饭碗才能牢牢端在自己手里。对

## 粮语

粮丰、民富、国强，它们像三个紧紧相扣的齿轮一样，一动联动，一止同止。而『粮丰』又在三者间起到发源带动的作用，不仅不能缺，还要大力扩容。我们知道，当转动起来时，大齿轮事半，小齿轮就会功倍。

此，人们进行了不懈的探索，积累了宝贵经验，体现在多个方面。

前文提到，选种育种是提高产量的前提，没有丰产基因的良种，无论外界如何努力都是收效甚微的。其次，对土地合理开发与利用是关键，这是人们因地制宜为谷物生长创造良好环境的必要举措。再次，采用有针对性的农作方式是保障，松土、轮作、施肥、除虫害等，对粮食的生长都是必不可缺的。还有，技术的进步升级是支撑，每次农业生产工具的更新完善都意味着人类能力的进一步延伸，人们实现愿望的可能性也进一步增强。最后也是最重要的，人们加快生产的积极性是根本：无论是原始社会的粮食平均分配，还是先秦时代的“井田制”，抑或唐宋元时的“两税法”，乃至2006 年我国全面取消农业税，这些制度都有利于特定历史时期在保障基本农业生产和国家稳定的前提下，最大化地调动劳动者投身农业的积极性，从而推动粮食生产。

如今，我国把粮食生产视为“安天下、稳民心”的战略产业，注重统筹发展，保护生态环境，促进粮食生产的可持续增长。这是在更高层面、更大范围、更长眼光上的“丰”。

# 安

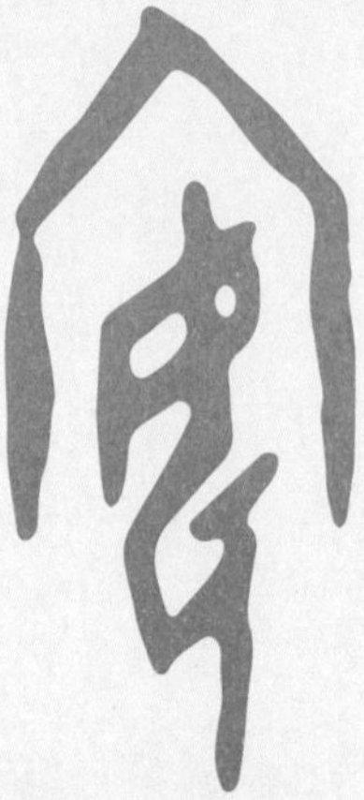

（甲骨文）

趣写古汉字

**是故君子安而不忘危。**

——《易经·系辞下》（节选）

“安”是在“宀”（指房屋）之下，安坐着一位女子，表示“安定、安全、安稳”。家中有女子，生活就有安全感，这个字正可以反映出古代的生活形态和社会观念。

母系社会是人类社会的早期形态，人们以母系血缘关系为纽带。女性就是权威，是氏族稳定的核心，所以“安”的基础是屋中有女人坐镇。随着时代发展，母系社会逐步转型，男性成为社会的核心，但“有女才安”的观念一直延续下来。女性作为男性的配偶，相夫教子，与家人一起过着“男耕女织”的生活，对维持家庭平和、稳定发挥着不可或缺的作用。后来，“安”沉淀为一种思想观念和心理倾向，代表着人们对自身命运的关切和希望，涵盖了人们生活的各个方面。人是铁饭是钢，人的生存要依赖粮食，所以粮食上的“安”自然是极为重要的一方面。

“安粮”思想是我国重要的粮食思想，早在先秦时代就已明确提出了“民天”理念，并把“粮安天下”作为最重要的治国策略。粮要“安”，就必须振兴农业、储粮备荒、救灾济贫，这些都是保障民生、安定天下的必要举措。尤其是粮食仓储，是承前启后的关键环节，决定着粮食生产之后的存续以及粮食调配时的储量。人们意识到，即使粮食连年丰收

## 粮语

『安』是人类的基本追求，『不安』是人类进步的根本动力。『生于忧患死于安乐』，我们正是在阶段性的安与持续性的不安之间，不断地实现自我更新、自我进化。

也并不等于可以高枕无忧，只有在仓储上做到了“安”，粮食在满足人们需求方面才能实现“全”。所以，建好天下粮仓、做好仓储防害、确保粮食安全，自古以来就受到了高度重视。各种粮食储备的制度和措施流传到今天，也成为国家粮食安全战略的重要依据，为保障人民的生活和国家经济的健康运行提供了物质保证。

另外，“安”除了体现在“有粮”之外，还在于“优粮”上，人们要保证吃到嘴里的食品是安全可靠的。《礼记》中有“五谷不时，果实未熟，不鬻于市”的记载，这是周朝对食品交易的规定。到了唐代，官方对食品的管理更加严厉，据《唐律疏议》记载，如果有人出售变质食品，必须立马销毁，否则重打九十大板；而食品造成他人中毒身亡的须判处绞刑。此后，历朝历代也都明文禁止有毒有害食品在市场流通。随着人们生活水平的提高，如今，“吃得饱，更要吃得好、吃得放心”已经成为现代人对食品安全的普遍追求。

# 稳

（小篆）

趣写古汉字

**江流大自在，坐稳兴悠哉。**

——唐·杜甫《放船》（节选）

“稳”有“安定、平稳”的意思，从字中的“禾”来看，自然是与粮食有关。《说文解字》：“稳，蹂谷聚也。”蹂践谷粒，使谷壳和米分开，再将米聚集起来，这就是“稳”字的本义。

一个家庭有了粮食，安定无忧；一个国家有了粮食，国泰民安。然而小家容易“稳”，大国可不易。从国家的立场来看，维护的是全局的稳定，所以当粮食出现丰歉不均的时候，就要进行宏观调控。我国是农业大国、人口大国，历朝历代对粮食的宏观调控都非常重视，采取措施平稳粮价、调配粮食，还形成了极有价值的“平准理论”。

平准理论是我国古代针对粮食年景丰歉、粮价高低而进行调控的思想和制度，主要的内容是：当粮食丰收、粮价过低时，官方大量收购储存；当粮食歉收、粮价上涨时，官方以较低价格出售。通过国家的宏观调控，起到平抑粮价的作用，既满足了百姓生活所需，又保护了粮食生产者和消费者的多方利益，更维护了国家和社会的平稳安定。

国家对粮食进行调控，粮食就有了流转，古人记录下这个来往的过程，新造了两个有趣的字：“粜（tiào）”和“籴（dí）”。粜是出米，也就是卖出粮食；籴，是入米，也就是买进粮食。这两个字就是对平准理论

关于稻场的文献记载（明·宋应星《天工开物》）

**粮语**

稳，不是一成不变的固定安稳，而是适时调整的动态平衡。在对立中求统一，在变化中求平稳，这历来是我国的哲学主张和生活智慧。

的生动解析。春秋时期越国范蠡提出了“平粜”理论，战国时期魏国李悝提出了“平籴”理论，基本思想就是用粜来救灾，用籴来储备。

除了调节粮食间的平衡之外，古人还特别注重平衡粮食与其他商品之间的关系。春秋时期齐国管仲认为，“谷贵则物必贱，谷贱则物必贵”。在农业社会中，粮食不仅是生活必需品，还是一种货币，性质很特殊。粮食在所有商品中占支配地位，粮食的价格可以左右其他商品的价格，如果不能平稳粮价，那么会有“牵一发而动全身”的效应，影响大局。所以管仲提出了“轻重敛散术”，系统地阐述了宏观调控理论，并积极倡导“人君操谷币准衡，天下可定也”。

如今，现代粮食宏观调控理论已经很完善了，国家对粮食流通出台了明确规定，主要目标是保持全国粮食供求总量基本平衡和价格基本稳定。很明显，其核心思想就是千年前的“平准理论”。

# 俭

（小篆）

趣写古汉字

俭于财用，节于衣食。

——东周·韩非《难二》（节选）

“俭”的繁体字为“儉”。从字形上来看，“人”表字义，“僉（qiān）”表字音。《说文解字》：“俭，约也。”该字的本义是“人的行为要受到约束”，引申为“节俭”。

如果说“勤”为的是不断地“开源”，那么“俭”就是为了“节流”。开源才能取之不尽，节流才能用之不竭，这是自古以来生财、理财的一贯法则。对于粮食而言，加强生产固然重要，但如果滥用妄用的话，生产再多也无济于事。尤其是在年份不好、粮食歉收的时候，增产无望，余粮不多，精打细算、节约使用就尤为重要。

“一粥一饭当思来之不易”，在生产力有限、粮食物资相对匮乏的时代，节俭的确是应对灾荒意外、保住生存底线的有效方式，对缓解生活压力、维持社会稳定起到了重要的作用。经过几千年的薪火相传，节俭的意识已成为人们的良好习惯，节俭的行为又内化为中华民族的传统美德。“家有万担，不丢剩饭”，即便是在物质丰富的现代，崇尚节俭仍是中国人的核心价值观。如今，没有哪个中国儿童不会背诵“粒粒皆辛苦”的诗句，从这一点可以看出，节俭在中国大地上扎下的根有多么的深。

真正做到节俭很不容易，因为人们都有“趋利避害”的本能。奢侈

## 粮语

『俭』可以理解为『减』，为过度的欲望做减法，让竭力的快跑减下速。『难以为继』是短见，『有余不尽』才持久。我们看，细水长流是自然的法则，更是做人的大智慧。

世界粮食日邮票
（唤起全世界勤俭节约，爱惜粮食的意识）

享受让人处在“舒适圈”，这是现得利益，都想追求；而克俭节用让人闯入“挑战圈”，需要坚韧自律，总得吃点苦头，多数人没有这个毅力。北宋政治家、史学家司马光在《训俭示康》中说：“顾人之常情，由俭入奢易，由奢入俭难。”可见，节俭一定程度上是违反常情的。

不过，中华民族很伟大，能够在难和易两条道路中选择前者，这就意味着人们要更懂得如何与自己的本性本能作斗争。无论外在环境如何，这种向内克己的人生道路永无止境，“修身”成为国人终身不懈的历练。由此，“节俭”由本来受条件所迫的“不得已之举”，到安邦治国、富民强国的“济世良方”，再到君子贤人的“主动性追求”，逐步升华为中国人的人生哲学，发展成利在千秋的普世智慧。

# 养

（甲骨文）

趣写古汉字

今之孝者，是谓能养。

——《论语·为政》（节选）

从“养”的甲骨文字形可以看出，该字最初是由“羊”和“攴（pū）”组成，展现了人持鞭子牧羊的情景。小篆字形发生了变化，由“羊”和“食”构成，《说文解字》解释该字为“供养也”，表示“为羊等牲畜供给饲料，使其生存”，又引申出对人的供养。后来“養”字简化为“养”。

大自然中，哺乳动物是动物的高级形态，出生以后需要母体哺乳才能成活。而母体的使命就是供养子女生长，直至其有独立生存的能力，这是哺乳动物的本能。人类作为最高级的哺乳动物，当然也受这个本能的控制。当婴儿呱呱坠地之后，父母捧若明珠，省吃俭用，精心养育，即便剩了最后一粒粮，也要留给子女吃。这个漫长的供养过程，因自然之爱而起，又因人文大爱而升华，充分体现了父母对子女爱的付出。然而，人类的高级之处在于，除了能“母养子”之外，还有“子养母”，也就是中华文化里极为重要的“孝道”。

“孝”是子女对父母的真挚报恩，是人类最宝贵的观念和情感。曾子说过：“孝子之养老也，乐其心，不违其志，乐其耳目，安其寝处，以其饮食忠养之。”（《礼记正义》）“养”是“孝”的重要方式，其起点是为父母供养食物。子女在外挂念父母，首先想到的就是父母吃饭怎么样，这

**粮语**

粮食是『养』的前提，人们靠粮食的供养，确保了一代代生命的延续；『养』是粮食的目的，人们在供养粮食的过程中，培育了饮食文化，形成了孝道文化。粮食因为能『养』，而有意义；『养』因为有粮食，而有根基。

是人之常情。我们看《诗经·鸨（bǎo）羽》里的诗句："不能艺黍稷。父母何食……不能艺稻粱。父母何尝?"一个孝子在外服徭役，某个夜晚他望着天上的星星，想到了家里的麦田。自己常年在外，家人以此为生的麦田现在早已荒废，自己年迈的父母此刻正在忍饥挨饿，于是悲痛之情不觉而发。以前，他都是把最好的食物送给父母，可如今父母连粮食都吃不到，自己没有尽到养老的责任和义务，对他而言这是最大的不孝了。

孝子养老，除了供应食物之外，更重要的是陪伴父母，让他们身心愉悦、精神饱满。孔子曾分析过："至于犬马，皆能有养；不敬，何以别乎。"（《论语·为政》）他认为，在"供给食物"这一方面，出于本能，人与牛马是一样的，但人的不同之处是在"养"中充满着"敬"，是富含深厚感情的"孝"。这样的孝文化是深入每一位华夏儿女的血液里的，任何人都知道应该这样做，并以此作为人生价值的重要体现。

# 禄

（甲骨文）

趣写古汉字

以德诏爵，以功诏禄。

——《周礼·夏官》（节选）

“禄”的甲骨文只是“录”，像一个在井上汲水的辘轳。汲水灌溉，可以保丰收，因此“禄”有“恩泽”的含义。后来人们又增加了“示”，使得“禄”成为祭祀的内容。《说文解字》：“禄，福也。”“福禄寿喜”是我们传统的吉祥语，都代表人的美好祝愿，意思大体相近，但略有差异。“禄”主要指“外来的奖赏及报酬”，又引申为“官吏的薪俸”。

“禄”字在粮食文化中占有重要地位。在人们生产出来的粮食当中，有很大一部分成了“禄”，供养着无数官吏的生活，支撑着这个偌大国家行政、军事的稳定运行。在开明盛世的时候，有志之士都希望能为国效力、平治天下，从而彰显出自身的价值和作用，因此“食禄”观念自古有之，踏上仕途是人们的主流人生选择。

用粮食作为官吏的俸禄，大概始于春秋时期，孔子作为鲁国的司寇，曾“奉（俸）粟六万”。战国时各国普遍施行了“谷禄制”，比如魏国相国魏成子就“食禄千钟”。秦代开始实行比较严格的粮食配给制度，根据官吏不同等级支付相应的粮食。当时有的官职就以俸禄的多少来命名，比如“二千石曹尚书”的俸禄就是每年“二千石”。后世官吏的俸禄虽然由实物向货币化转变，但禄米始终是非常重要的形式。

## 粮语

『禄』很尊贵、崇高，是人们常常祈求的对象。然而真要获得它，却并非易事。在人人都追求的『功名利禄』中，『禄』排最后，也最难获得——要立实功，有好名声，还要对众人有利，过了这三关才有资格得到『禄』。

在百姓心中，“食禄者”是身份地位的象征，是令人羡慕向往的。不过既然吃了“皇粮”，就要有相应的责任担当，就要为皇室和百姓服务。《史记·循吏列传》里说：“使食禄者不得与下民争利，受大者不得取小。”如果一个“食禄者”无法履行责任义务，甚至没有高于普通民众的胸怀境界，那就是不合格的。无所作为甚至“与民争利”的结果就是，“无功不受禄”。

然而，并非任何时候“食禄”都是受人追捧的，如果政权黑暗、官场腐败，那么这个“禄”是不值得食的。史上最有名的例子就是陶渊明了。刚过不惑之年的他，出任彭泽县令，但是“上级领导”督邮刘云以巡视为名向辖县索要贿赂。陶渊明怒喝道：“我岂能为五斗米向乡里小儿折腰。”明确表示他宁可不要俸禄，也绝不会低三下四地向小人献殷勤。之后，陶渊明挂冠而去，辞职归乡，隐居躬耕。“禄”是官吏生存发展的条件，但不是根本和归宿；在人格大义面前，“禄”只是普普通通的粮食而已。

# 税

（小篆）

趣写古汉字

省刑罚，薄税敛。

——《孟子·梁惠王上》（节选）

“税”字在古代有好几种读音，最主要的读作shuì。从字形上来看，左边是“禾”，表字义；右边是“兑”，兼表字音和字义——“兑”可当“更换、拿出”等含义讲。关于“税”字的本义，《说文解字》解释为“租也”，而“租”指的是“田赋也”，又把“赋”解释为“敛也”。这样解释下去无穷无尽，而字的含义还是有些模棱两可。我们认为“税”“租”“赋”三个字是近义字，至于其中的差异，唐代学者颜师古解释得很清晰，他说：“敛财曰赋，敛谷曰税，田税曰租。”（《急就篇》注）意思是说，征收钱财的，称作“赋”；征收粮食的，称作“税”；让别人种自己的田地，然后征收粮食的，称作“租”。其实，我们看这三个字的偏旁部首，大概也能猜出其中的差别。“税”和“赋”后来逐渐合用，在现代汉语里，“税”字已经包含“赋”的意义了。

缴纳粮食税，供给国家建设发展的需要，这一粮食观念和制度延续了两千多年。奠定这个格局的，是战国时代鲁国的“初税亩”制度。“初税亩”的意思是“开始按照耕地实际亩数收取粮食税”，无论公田还是私田，征收的比例都是十分之一。自此，我国的赋税制度树立了新标杆，历朝历代都在此基础上不断地对税制进行变革。秦汉实行“租赋制”，魏

**粮语**

纳税是付出、贡献，也是责任、义务。作为公民，如果没有纳税的意识和观念，那么就没有良好的公共环境、稳定的社会秩序和强大的国力保障。人人利于天下，则天下利于人人。

晋南北朝实行“租调制”，隋及唐前期实行“租庸调制”，都是以“计亩征税，计户而征”的办法收税的。唐代中期及宋元实行“两税法”，是以财产多少作为征税标准的。明代中期推行“一条鞭法”，确定货币税为主流。清代中期实行“摊丁入亩”，将人头税归于财产税。新中国成立以后，实行农业税制度，起初以征收粮食为主，后改为折征代金。2006年全面取消了农业税，从“初税亩”算起，在我国历史上曾经实行了2600年的粮食税从此退出历史舞台。

作为最古老的税种，粮食税在我国数千年的农业社会中扮演着重要的角色，为千百年来社会经济发展发挥了重要作用。同时，农民作为纳税人做出了巨大的历史性贡献，大家用手中的粮食确保了国家的长治久安，也助力了中华文明的薪火相传，功莫大焉！

# 节

（金文）

趣写古汉字

**君子以慎言语，节饮食。**

——《易经·颐卦》（节选）

“节”是“節”的简体字。“節”字上面是“竹”，表示字义；下面是“即”，表示读音。后来该字的字形有了较大变化，“艸”代替了“竹”，“即”简化为“卩（jié）”。《说文解字》：“節，竹约也。”清代文字学家段玉裁解释道：“约，缠束也。竹节如缠束之状。”“節”字的本义就是“竹节”，也可泛指草木枝干间结实结节的部分。

竹子在中国文化里是非常清雅的植物，历来歌颂竹子品格的文人墨客数不胜数。究其原因，在于它独特的外形以及其所蕴含的内在精神。司马迁在《史记·龟策列传》里说：“竹，外有节理，中直空虚。”竹子的主要特征是：外有竹节，内在虚心。人们从竹子的客观形态中挖掘出非凡的植物品格，塑造出超俗高雅的谦谦君子形象，成为人格修养的参照和指引。竹子有“节”，寓意竹子在生长过程中有节制，既不卑微地怯于生长，又不傲慢地滥于生长，而是一节一节、稳步匀称地健康成长。由此，“节”字引申出“节制”“适度”等字义。

“节”是一个重要的粮食观念，主要体现在人们对于饮食的合理、适度安排上，我们的祖先很早就意识到这一点了。比如《管子·内业》里记载：“凡食之道：大充，伤而形不臧；大摄，骨枯而血沍（hù）。充摄之

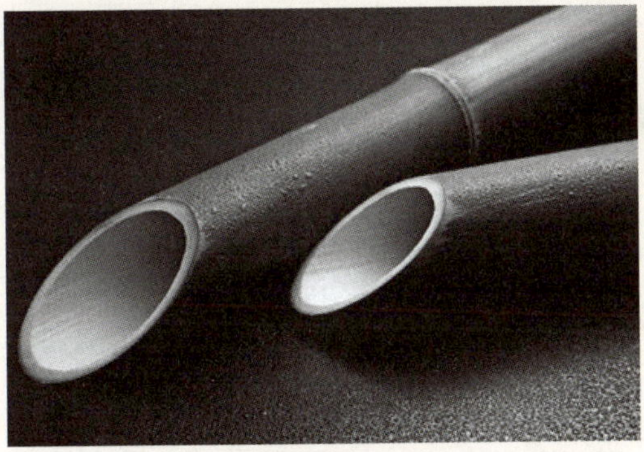

竹节

**粮语**

管得了嘴巴，是一种修养。说出口的语言和放进口的食物，都是一个人精神境界的体现。中华文化的核心在于『中庸』：为人处世有节、有度，不偏、不倚，恰当、恰好。

间，此谓和成，精之所舍，而知之所生。”意思就是说：饮食的基本规律在于，吃得太多，就伤胃而身体不好；吃得太少，就骨枯而血液停滞。适量饮食，人的身心才能舒和，精气神才有所寄托，智慧就能够生长。《吕氏春秋·尽数》里也提到：“食能以时，身必无灾。凡食之道，无饥无饱。”可见，饮食过多或过少都偏离了“中庸之道”，对人体健康是不利的，久而久之对人的精神意志也是一种消磨。

通常而言，让人不要多吃是更困难的。因为人的生物本能决定着要多储备营养，某种程度上来讲“多吃”倒是一个人竞争力的表现。但是一味多吃不仅对个人健康有害，还有可能损害到他人的利益，因此中国文化里出现了一种十分可怕的贪吃动物，称为饕（tāo）餮（tiè）”，比喻那些贪婪之徒，让人引以为戒。

如果人们能在饮食上做到“有节”，那么就有能力在道德大义上培养出“气节”。我们看至圣先师孔子，“饭疏食饮水，曲肱而枕之，乐亦在其中矣”。这种乐趣，非常高级！

# 和

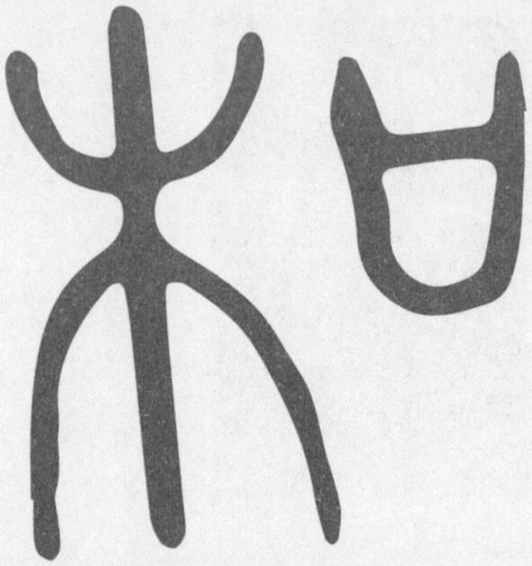

（金文）

趣写古汉字

礼之用，和为贵。

——《论语·学而》（节选）

“和”还有另一种写法，“龢”。《说文解字》解释“和”为“相应也”，解释“龢”为“调也”。字中“禾”表示读音；“口”和“龠”表示字义，分别指“语言”和“乐调”。总之，“和”（“龢”）的本义是“声音协调呼应”，后来泛指人与人之间、事物之间的和谐融洽。当然我们也可以“望文生义”，把“和”理解为代表食物的“禾”与人的“口”相呼相应，在味觉上达到了融合谐和的境地，这就是我国源远流长的“五味调和”饮食观。

墨子说：“食必常饱，然后求美。”（《说苑》引墨子言）人们在解决温饱问题以后，就开始对饮食有了更高层次的审美追求。古往今来，食物种类不计其数，滋味口感各有特色，人们在品尝大量食物的基础上总结出“辛、甘、酸、苦、咸”的五种味道。这“五味”中的每一种味道都各有所长，也各有所短，给人的感受并不尽善尽美。人们认为，食物最佳的味道是“五味”在经过加工调和以后，能够取长补短、相互作用，达到中和至美的境界。其中，人的“调和”作用，也就是烹饪技术，非常关键。

《吕氏春秋·本味》记载：“调合之事，必以甘、酸、苦、辛、咸。先

## 粮语

天时不如地利，地利不如人和。『和』是凝聚的力量，是协调的艺术，是融合的境界。当人生的『五味』能熔于一炉，和而不同，那我们的世界就会风和日丽，社会就能政通人和，生活也充满着和颜悦色。

后多少，其齐甚微，皆有自起。鼎中之变，精妙微纤，口弗能言，志不能喻。”意思是说：调和五味，先放后放、用多用少，差别都在细微处，全根据自己的把握。锅中的变化非常精妙细微，无法说得明白。我们看这段表述很精辟，将调和味道的细、难、神都淋漓尽致地表现出来了。尤其是“其齐甚微”“口弗能言”等，解释了现在中餐烹饪时总是放料“少许”的缘由。至于食物的味道到底怎样才能称为“和”，也是只可意会不可言传的，足显中国文化的高深。

“和”除了是口味上的需要之外，人们还将“五味”与人体健康联系在一起。《黄帝内经・素问》说：“五味所入，酸入肝，辛入肺，苦入心，咸入肾，甘入脾。”身体机能具有系统性，所有器官都要平衡发展，不可偏废。于是，与之相对应的味道也要均衡协调。

“和”是中国智慧的精髓，蕴含着对立统一的哲学思想，体现在饮食之美、生活之美、为人之美、治国之美中，是国人追求的最佳境界。

# 诚

（小篆）

趣写古汉字

行之发于至诚。

——东汉 · 班固《汉书》（节选）

“诚信”是一个人和一个民族最宝贵的品质之一，是人与人之间交往最重要的前提，也是事业发展最可靠的保障。在粮食文化里，无论是粮食种植、储运，还是粮食贸易、调拨，每一个环节、每一个方面都应“诚”字当头、“信”在其中，否则，我们手中的粮食，就是“无良”的粮食。

“诚”（繁体为“誠”）的本义就是“诚实、真诚、不欺瞒”，与“信”字是同义字，二者常连用。我们可以从字形中看到，两个字里都有“言”，说明“诚信”与人们的语言有关系。随着生产力的不断提高，人们之间的联系更加密切，交流也日益频繁。由于“语言是人类最重要的交际工具”（列宁语），所以很多活动都建立在人们的“言”上，语言的真实性决定着做事的成败。当一个人虚情假意、满口假话的时候，与他交往的人是无法得到准确信息的，不仅会影响自身利益，而且可能会造成更多更大的损失。所以，《管子 · 乘马》里说：“非诚贾不得食于贾，非诚工不得食于工，非诚农不得食于农，非信士不得立于朝。”不管是什么身份、做什么事情，“诚”都是立业之基。

经商是以交易物品为生的职业，与人交流很密切。因此，诚信对商

## 粮语

为人处世要诚信，以一颗真诚无妄的心，审视自己和面对他人，让生活真实而充盈，无愧七尺之躯；以一个守信的姿态，塑造自己和成全他人，让生活充满善意和信赖，共建一个温暖而和谐的社会。

贾而言就格外重要，尤其是那些经营粮食的商人，直接关系到人们的生计问题。历史上有很多讲诚信的粮商，如明代的徽商胡仁之和清代晋商乔致庸。

胡仁之在江西南丰做粮食生意，在天灾大饥之年“斗米千钱”的情况下，有人怂恿他在粮谷中掺杂兑假，但他严词拒绝，决不坑害百姓。君子爱财取之以道，胡仁之坚持“信则公道著，到处树根基，无往而不利”的原则，深受人们的称赞。清代晋商乔致庸一生坚持“诚信不欺”的经商准则，对自己以及手下的人管理严格。有一次，他的复盛油坊里出现了油中掺假的情况，油坊掌柜发现后，立即倒掉整批掺假的胡麻油，重新换了货真价实的，乔致庸对该掌柜的行为大加赞赏。这两位我国历史上著名的商人，以其高洁的品格成为商人的典范。

由此可见，“诚”虽表现在语言上，但根本还是在人的道德品质上。当人们内心善良、诚信自律的时候，言谈举止就会自然而然地反映出心灵真实的一面，这种“诚”不仅是对别人的，更是对自己的。

# 新

（甲骨文）

趣写古汉字

**苟日新，日日新，又日新。**

——《礼记·大学》（节选）

“新”是“薪”的本字，其甲骨文像一把斧子（“斤”）在砍树，后来字形演化为由表义的“斤”和表音的“辛”构成的，字的本义是“砍伐木材”。由于被砍伐的树木会相继长出新枝芽，所以该字又引申出“刚生、新出现”等字义，与“陈旧”相对应。

创新，是人类社会发展永恒不变的主题。2500年前的古籍《尚书·康诰》，铿锵有力地发出了“作新民”的号召，这是我们祖先对后世子孙寄予的殷切期望。于是，“日新”就成为华夏儿女自我激励、积极进取、不断发展的目标。

粮食是社会发展的根基，自然是人们改革创新的重点领域。回望过去，无论是粮食观念、粮食技术还是粮食管理上的任何一个创新，都是推动我国粮食事业不断改革提升的动力源泉。在千百年的历史进程中，我国劳动人民发挥聪明才智，不断总结以往的经验成果，借鉴新的理论观点，持续探索研究，推动了理念、科技、制度等方面的创新，赋予了粮食文化新内容和新形式。

创新是多角度的，没有一定之规。在长期的生产实践中，我国粮食创新展现出了多姿多彩的风貌。概而言之，先辈走出了三条创新之路：

## 粮语

世界上唯一不变的，就是万物都在变化，因此破旧立新是必然趋势。用创新来摆脱困局、解决问题、引领发展、开辟新境，是不二法则。

一是在增益减损中创新。增加了世上本没有的新事物，这是一种“增益”创新，比如在粮食加工设备上，创造出风车、面箩，制作了鼎鬲、釜甑等，延伸了人类的能力所及。淘汰掉不符合时代潮流的旧事物，这是一种“减损”创新，比如在田赋制度上废除井田制，承认土地私有化，促进经济发展。二是在适应完善中创新。根据发展需要，在继承传统的前提下不断改革完善，这是一种“迭代”创新。比如在粮食运输方式上，从手提肩扛，到畜力驮运，再到车船载运，技术在不断更新、效率在逐步提高；又如在烹饪技法上，由基本的烹煮清蒸，发展出煎炒炸炖，手段越来越多样，美食越来越丰富。三是在对立统一中创新。能够接纳并调和相对立的各种因素，使它们朝着既定目标曲折前行，这是一种“辩证”创新。比如在粮食储备上，用“平准”的方法来制衡粮食储存和消耗的矛盾，达到平抑物价、确保粮食安全的目的；又如，在饮食风俗上，用“祭祀”来处理“靠天吃饭”和“人能胜天”的关系，实现人与自然的和谐相处。

总之，创新的理念和实践，使我国成为纵贯五千年、横跨数万里的文明古国和农业强国，也凝结出中国人传承创新、奋斗进取的人文精神。

# 社

（甲骨文）

趣写古汉字

**民为贵，社稷次之，君为轻。**

——《孟子·尽心章句下》（节选）

“土”字的甲骨文，像一个土堆，也是“社”的原始字形。在信奉万物有灵的古人眼里，大地“厚德载物”，能够孕育众生，一定有神灵。所以在“土”旁增加了代表祭祀的“示”字，凸显了“社”的神圣感。《说文解字》：“社，地主也。”“社”就是土地之神——“社神”。

土地崇拜是在农耕经济的基础上产生的信仰，对依靠土地生存的人们来说，社神是最重要的神灵。“国中之神，莫贵于社。”（《礼记·郊特牲》）人们要有衣食，要生存下去，离不开社神的护佑。在古人的观念中，社神主宰了天下的土地：东方有青土，南方有红土，西方有白土，北方有黑土，中央是黄土。这五种颜色的土，带给人们安稳富足的生活，也培育出了华夏文明。同时，在“普天之下，莫非王土”的时代，土地就是权力的象征。人们拜祭社神，祈祝政权稳固、国家强大、疆域广阔，带有鲜明的政治色彩。

土壤能给人最重要的馈赠，就是粮食。主宰粮食的神，是稷神，因此人们常把社神和稷神合称为“社稷”。“王者所以有社稷何？为天下求福报功。人非土不立，非谷不食。土地广博，不可遍敬也；五谷众多，不可一一祭也。故封土立社，示有土尊。稷，五谷之长，故封稷而祭之

## 粮语

对社稷的崇拜，是古人朴素的信仰，是传统文化的一个重要组成部分。作为祭祀仪式，重要的不是形式本身，而是其中蕴含的安国保民的思想。古代君王祭祀的是社神和稷神，表达对神灵的敬意；本质上却是对自己厚德爱民的告诫，彰显了治国的诚心。谋事在人，成事在天。自古以来，国家是否繁荣昌盛，人民是否幸福安康，决定因素不是『天意』，而是『民心』。得民心者，得天下；知敬畏者，立社稷。

也。”（《白虎通义 · 社稷》）“社”代表安全的生存空间，“稷”代表稳定的食物来源，两者都是以农为本的中华民族最重要的原始崇拜，是国家稳定昌盛的根本、人民安身立命之必需。

社稷祭祀活动，是我国古代非常重要的礼仪活动，历代帝王都相当重视。典礼都由皇族主持，规格很高。官方还专门建设了“社稷坛”，作为祭祀社稷的场所，坛的最上层铺着五色的土壤，至今我们还能看到这样古老的礼制建筑。后来社稷祭祀活动发展成全国性的活动，人们祈求国事太平、五谷丰登，寄托了美好的愿望。

北京中山公园社稷坛

# 灶

（金文）

趣写古汉字

夏为太阳，其气长养，祀之于灶。

——东汉·蔡邕《独断》（节选）

“灶”字本写作“竈（zào）”，上面是“穴”，表示坑洞；下面的“鼀（cù）”表示读音。人类在学会使用火之后，便开始利用火来加热食物。通常要在地上挖出小坑，将柴木堆在其中，炊具放于其上。这就是“竈”的早期形态，好处是柴木点火后不易被风吹灭，并且能够保持热量的集中，便于加热食物。大概到了秦汉以后，出现了新式的“竈”，它是用泥土砖石等材料垒砌的高台，中间用于堆放柴木，燃烧加热，因此又写为“灶”。随着时代的发展，“灶”的材料和工艺不断改进，但其基本构造和功能始终没变，成为家家户户必备的生活设施。

自从人们开始食用熟食以来，“灶”就是不可或缺的工具，这关系到饮食大事。因此，在人们的观念中，“灶”成为一种崇拜，并上升到神灵的行列。“灶神”也称“灶王爷”，是最受民间尊崇的神之一。灶神的来源历来众说纷纭，有的说是远古炎帝或黄帝死后变成的，有的说是一位管理烹调事务的女神仙，有的说是一个姓张的浪子，有的说是由穷蝉（蟑螂）变的。无论灶神如何而来，我们能够确定的是他掌管着人们的饮食，能带来生活上的便利。后来，灶神又多了一项职能，那就是考察人间善恶，并在每年腊月二十四日向上天报告情况，这相当于成为民间的监督

## 粮语

灶神可以满足人们的口腹之欲，但需要人们自力更生。灶神又能说人的坏话，却只因人们做过坏事。这个『火堆』既能为人带来便利，又可以将其灼伤。灼伤是为了提醒和警诫，让人正心修身，善于用火，莫要玩火。

员。于是，人们在腊月二十三或二十四，举行祭灶仪式，奉祀灶神。祭祀时，一家人会在灶神像前放上炒米糖、花生糖、芝麻糖和糯米团子之类的祭品，目的是借此粘住灶神之口，无法去讲家里不好的事情。灶台旁还会贴上对联，上面写着“上天言好事，下界保平安”，足见人们对灶神的畏惧和期望。

由于灶神与人们的实际利益非常密切，因此格外受到人们的敬畏和偏爱。据说在孔子生活的时代，“与其媚于奥，宁媚于灶”的观念已经很流行，人们不愿去讨好高高在上的尊神，更愿意讨好能带来实惠的灶神。可以说，灶神是最平民化的神了。

如今，在繁华的都市里，祭灶神的仪式似乎已经被淡忘了，不知道灶神会不会感到失落。也许我们应该经常想一想，熬粥时那不断翻滚的小水泡、揭锅盖时那热气腾腾的白馒头、炒菜时那爆裂之后散发出的鲜香气……都得益于那位灶台里的灶神。

# 年

（甲骨文）

趣写古汉字

**稻花香里说丰年，听取蛙声一片。**

——南宋·辛弃疾《西江月·夜行黄沙道中》（节选）

现在的“年”字，是线条化的符号，已经看不出原始字形和字义了。甲骨文的字形却很生动，像“人”的后背上扛着一捆沉甸甸的“禾”，描绘的正是谷物成熟、农民丰收的场景。所以《说文解字》解释道：“年，谷熟也。”

谷物从播种到成熟，需要一个周期。人们通过对谷物生长的耐心观察和深入了解，产生了四季的概念，也掌握了“春种秋收”的规律。自从上一次丰收之后，人们经历了一段辛苦劳作和热切期盼的日子。等到这次丰收的时候，大家终于迎来了“年”。所以，两次丰收之间的这个周期，就是一年。而经过长期的观察可知，一年有十二个月，大概有三百六十五天，所以“年”由“丰收”的含义，引申为一个时间单位，又可指代“岁数”“岁月”等时间概念。

有了粮食大丰收，人们的生存就有了保障，生活也会得到改善。所以，在农耕社会里，“年”是人们最盼望、最高兴的时候。每当秋季农民从田地里扛回成熟谷物，他心里是欣慰而踏实的：感谢上天的恩惠，过去一年来没有发生影响农作物生长的灾患，这使得他艰辛的付出有了可观的回报；而在未来的日子里，如果不发生意外，这些谷物基

## 粮语

『五谷皆熟，为有年也。』(《春秋谷梁传》)『年』字的本义是丰收，所以没有收获的年，就算不上『年』。千百年来，过年的习俗已经传承下来，家家喜庆热闹。但是，其本质意义还是在于节庆面纱下的客观总结。因为年后人们要面临一个百废待兴的荒地，又要开始一个新的循环，能否有足够的信心去迎接下一个丰收的『年』，是大家最需要思考的。

本能够满足家人的生活需要。于是，在此后一段农闲时期，人们要隆重地祭祀天地和祖先，也要庆祝纪念一下，分享收获的喜悦；更要祈福脚下这片土地在经历过一个寒冬之后，土壤能够更加肥沃，来年依旧可以喜获丰收。

"过年"的象征——中国结

"过年"对中华民族来说是最重要的传统节日活动，也是中华文化最鲜亮的代表。人们在喜悦祥和的气氛里畅想着新春的美好景象，向亲朋好友表达着最诚挚的祝福，也对未来生活寄予更高的期望。在这样的节庆礼仪中，我们民族感恩敬畏、尊贤爱老、团结友爱等传统美德，得到了淋漓尽致的展现。

# 餐

（小篆）

趣写古汉字

**朝饮木兰之坠露兮，夕餐秋菊之落英。**

——东周·屈原《离骚》（节选）

“餐”字由两部分组成：上部分表音，下部分表义。《说文解字》说：“餐，吞也。”该字的本义就是“吃”，可构成“会餐”“聚餐”“野餐”等词组。还可指“可以吃的饭食”，如“三餐”“中餐”等。“餐”字还有另外的写法为“飡”或“湌”，古书上专指水泡饭，如西汉刘向的《列女传》出现过“壶飡”一词。

“餐”这个动作虽然简单，可其中蕴含的文化却不简单，尤其是餐饮礼仪，从大来说关系到国体威严，从小来说体现了个人修养。所以，“餐”可绝不仅仅就是“吃”。我们可以从餐饮的方式和频率两个方面来看看礼仪文化。

我国起初是实行“分餐制”的。在生产力低下的时代，食物匮乏，人们共同劳作也共享食物。这时的“分餐制”是一种受到客观限制的必然选择。后来到了奴隶制社会，生活物资有了较多剩余，人们随之也有了高低贵贱的分化，这时实行的“分餐制”是为了体现地位的差别。比如，《周礼》中有“天子九鼎八簋（guǐ），诸侯七鼎六簋……”的记载，就规定了分餐时不同等级的器皿。后来，大概到宋代以后全国又开始实行了“合餐制”，主要原因是经济快速发展使得食物种类激增，合食更为

**粮语**

在有些餐桌上，吃饭事小，礼仪事大。这里是塑造良好形象、协调人际关系、沟通有益信息、展示素质才华的重要平台，不可轻慢。

方便，并且还带有一种平等分享的人情味，这种合餐制一直延续到今天。至于现在我们为了饮食卫生又逐步开始分餐，正说明了时代的进步。

关于餐饮的频率，现代人习惯“一日三餐”，但在古代可不是这样。最初能吃饱饭就不容易，“饥不择食”，还谈不上餐饮礼仪。大概到了商朝，人们有条件定时餐饮了，通常是一天两顿。第一顿饭称“朝食”，又称为“饔（yōng）”；第二顿饭称“餔（bū）食”，又称为“飧（sūn）”。朱熹在《孟子集注》中说：“朝曰饔，夕曰飧。”而到了秦汉时期，贵族开始实行“三餐制”，还有专属于帝王的“四餐制”，并且即使帝王死后，人们祭祀也要“日上四食”，这带有明显的等级色彩。这种礼制延续到封建社会灭亡后才被终止。

如今，我们生活的时代早已不存在封建礼教的束缚，聚会无论是合餐还是分餐，都没有“明尊卑”的压制；吃饭无论第几顿也都不是“别上下”的依据。我们每一个人的人权都在这琳琅满目的餐桌上得到了彰显。当然，必要的餐饮礼仪还有要遵守的，这也是文明人的体现。

# 乡

（甲骨文）

趣写古汉字

夫以朕之不德，而专乡独美其福。

——东汉·班固《汉书》（节选）

“鄉（xiāng）”是“乡”字的原型，从甲骨文字形上看，像两个人面对面跪坐着，中间是盛放食物的器皿“皀”。该字的本义是“用酒食款待别人”，后来引申为“处所、家乡”等，还作为基层行政区划单位。为了凸显“鄉”字的本义，人们在其下加上了“食”，新构成“饗（xiǎng）”字，用来专指“待客饮食”，后来又简化为“飨（xiǎng）”字。其实，“鄉”“饗”“飨”三字本是一个字，有时可以互相代替。

甲骨文中，与“鄉”字形相近的字有三个：一个是“卿”，它的写法与“鄉”几乎一样，有“宾主相向对食”的意思，后来比喻“关系密切”，成为一种对人尊敬和亲近的称呼，还作为官职的代名词；第二个是“即”，它比“鄉”少了一个人，表示“人就食”的意思，后来引申出“靠近”的字义，比如“若即若离”；第三个是“既”，它与“即”的区别是字中描绘的人是张嘴背向食器的，表示“吃完了”，因此它引申出“已经”等字义，比如“既然”。这三个字与“鄉”共同勾勒了我国古代人民饮食的场景，保留了重要的历史文化信息。

我国古代有一套比较繁复的“宴飨礼俗”，可以说是宴会的规矩，也是社交活动的礼仪。这些内容在《周礼》《仪礼》《礼记》等古籍中有

壁画《宴饮图》（唐，甘肃敦煌）

**粮语**

礼仪是人们交往时约定俗成的准则，即便是两个人面对面坐着吃饭，也有礼仪。当这样的礼仪被越来越多的人认可、采纳，那么人们就有了凝聚力和归属感，这时大家就都是『乡里乡亲』了。

详细的记载，很难一言道尽。我们简要地说，这些礼仪体现在以下方面：一是在主宾座次上讲究尊卑有别。古代以东为尊，面东而坐是上座，《史记·项羽本纪》就记载了鸿门宴上项羽、项伯是“东向座”，可见其“霸王”的尊贵。后来宴饮座次有了一些变化，但是尊卑有别的原则一直是餐桌礼仪的核心。二是在待客方式上要体现细节。古人为了保持清洁，常在地面上铺一层竹或草编的“筵”；为了防潮，再在筵上铺稍小一些的“席”。安排筵席时，主人要用心选择菜肴，端菜和摆放食物也有一定之规，既要表达对客人的礼貌，也要方便客人取食；主人还必须全程陪伴客人进食。三是在进食过程中有严格规范。比如“男女不同席”“父子不同席”“尊人共席饮，不问莫多言”等。

我国是“礼仪之邦”“食礼之国”，如今我们继承了古代饮食礼仪，在聚餐中表达出对别人的尊重，体现着礼尚往来，也彰显出中华民族优秀的文化传统。

# 箸

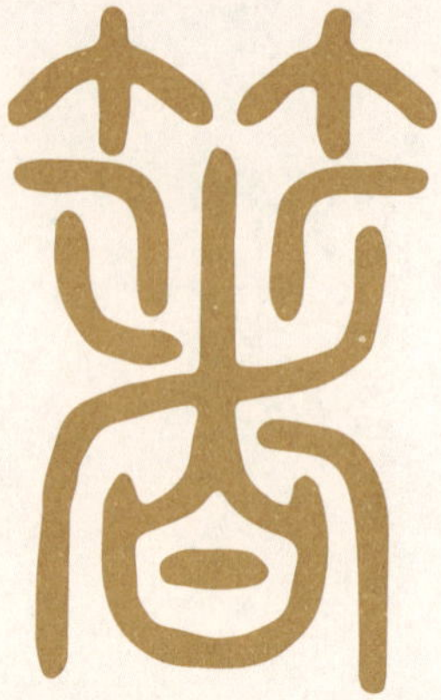

（小篆）

趣写古汉字

纣为象箸，而箕子唏。

——西汉·司马迁《史记》（节选）

饮食礼仪的一个重要标志就是人类创造并使用了各种各样的餐具（或食器），有的用于盛放食物，有的用于辅助进食，有的还作为礼节性的象征，这相比于原始的饮食方式要文明有礼得多。

在远古时期，人们进食是用手抓的，但加热后的熟食会烫伤手指，因此人们开始用树枝叉住或夹着吃，这种工具后来演变为“箸（zhù）”，也就是我们现在用的“筷子”。《说文解字》解释道：“箸，饭攲（jī）也。”“攲”有“倾侧”的含义，表示使用箸需要稍稍倾斜。从“箸”的古文字来看，上面是“竹”，表示是竹制的工具；下面的“者”则表示读音。“箸”字还可以写为“筯”等。

箸是我们祖先独创的进食工具，合理利用了两根木棍构成的杠杆原理，延伸了人类手指的功能，构造轻巧、灵活，适应性强，是人们最常用的饮食工具。起初箸是用树枝、竹棍、兽骨做的，到商朝时出现了铜箸、玉箸和象牙箸。《史记》里记载：“纣为象箸，而箕子唏。”贤臣箕子从商纣王的象牙箸里见微知著，预料到他的骄奢必将导致后患。箸虽小物件，却能够反映出生活质量，因此古代帝王和贵族会用名贵材料制作箸，并且雕刻上各式花纹，借此来显示自身的尊贵地位。因此，历史上

## 粮语

『成双成对』的筷子，能够形成巨大的合力。因此，再简易不过的两个木棍，通过人们勤劳的双手，就能轻巧地夹起博大的中国文化。

出现的箸样式繁多，非常精致华贵。

大概到明代时期，民间开始把“箸”称作“筷”。明代陆容在《菽园杂记》里记载：“民间俗讳，各处有之，而吴中为甚。如行舟讳住……以箸为快（筷）儿……”在水乡生活的人都希望出门能够一帆风顺、不停地向前行进，而“箸”同“住”谐音，“住”又有停止的意思。于是，讲究忌讳的人们把“箸”改为了“筷”。还有说“筷”（快）表达的是人们对饮食时畅快满足的美好期望。

使用筷子时有一套礼仪和禁忌，比如不能敲筷子，否则会被视作讨饭之人；不能竖插筷子，这是很不吉利的动作；不能有“半途筷”，既然夹起了食物就不可放回；不能有“抄底筷”，在碗里翻来翻去找自己爱吃的食物是很不礼貌的；不能“窥筷”，手擎着筷子东瞅西望是对食物不满意的表现……筷子虽简单，但足显礼仪之邦的底蕴。

总之，这种古老的餐具帮助了无数华夏儿女享用美食，也塑造了人们的品格修养，如今仍然是餐桌上的必备用具，已经成为中华文明的一个显著标志。

# 匕

（甲骨文）

趣写古汉字

**琼杯传素液，金匕进雕胡。**

——唐·元稹《春分投简阳明洞天作》（节选）

筷子是中国人主要的进食餐具，但是它的弊端是夹取零散状的食物不够方便，对汤汁类的食物更是爱莫能助。于是人们起初用有凹槽的骨片和贝壳等工具舀取食物，后来发明了勺子。不过，“勺子”是后来的说法，它的雏形是“匕”。

“匕”的甲骨文，有的专家说像一个鞠躬的人，也有的说就是这种工具的象形字形。本人认同后者的说法，认为它像一个长柄浅勺、勺端呈桃叶状的进食工具，与现在用到的勺子相似。不过，相比于勺子，匕的前端更尖锐，还起到了切割食物的作用，可谓是勺子与刀子的结合体。

在生产力较低的时代，匕不仅仅是一个进食餐具，还常常兼作武器用，我们常说的“匕首”正源于此。后来，人们为了区别餐具和武器，给“匕”旁边增加了一个声旁“是”字，构成“匙”字，专门指代盛饭或汤的餐具。

在考古发现中，匕与炊具鼎、鬲等常常同时出土，可见它们是搭配起来使用的。大概从东周开始，匕的形状发生了变化，前端由尖锐变为圆钝，呈舌头形；柄也趋于细长，逐渐成为现在“勺”的形态。到秦汉时期，出现了漆木、金、银、玉质的勺，勺身上还刻有精美的纹饰。后

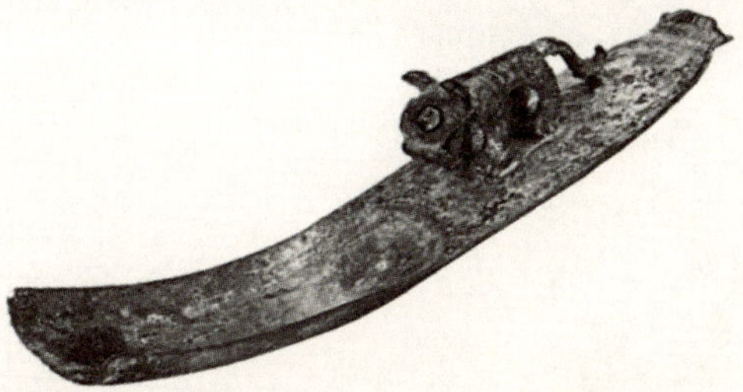

虎饰匕（商，山西博物院）

**粮语**

脚踏实地，仰望星空，这是一个人应有的状态。这一点，我们应向勺子学习：它既能给予最实在的帮助，让人方便地进食；又像天上的北斗星，在指南针里为人指引方向。

来随着生产力和饮食文化的发展，勺子变得更加实用、精致，形状也越来越多样，使得人们餐桌上的器具更加丰富了。

勺子的作用显而易见，能够让人们食用汤汁食物更方便。尤其是那些无法咀嚼硬物的婴幼儿和老人，食用流质食物是唯一的选择，勺子是必不可少的工具。唐代文学家韩愈在《赠刘师服》里提到："我今牙豁落者多……匙抄烂饭稳送之，合口软嚼如牛呞（shī，反刍）。"文中记录了牙齿早已坏掉的韩愈，用勺子把烂熟的饭送进嘴里的情景。想象一下，如果没有这个"匙"，我们的大文豪要平添多少烦恼！

有个歇后语是"一个锅里轮马勺——都是一家人"，大家在一起生活，共用一个大勺子盛饭，关系很亲密。一把勺子舀出了感情，舀出了团结，其中蕴藏的精神养分哺育着万代人民，延续了千载年华。

# 皿

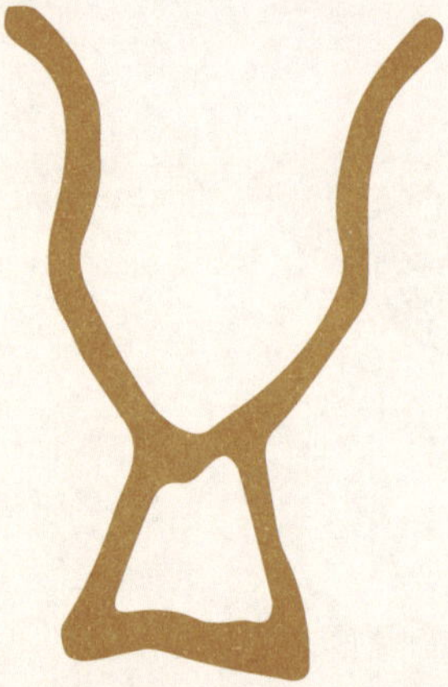

（甲骨文）

趣写古汉字

**食非多品，器皿非满案，不敢会宾友。**

——北宋·司马光《训俭示康》（节选）

《说文解字》说：“皿，饭食之用器也。”“皿”字的本义泛指碗、碟、杯、盘一类饮食用具，它的甲骨文正像是器具的剖面图，上面可以容纳食物，下面是器皿的底座。“皿”作为部首构成的汉字，基本都与“器皿”有关，如“盆”“盂”“盏”“盛”等。值得注意的是，古代“器”字与“皿”是同义字，所以二字常连用。

人们饮食时除了要有辅助进食的筷子、勺子等，还必须得有盛食物的器皿。在这方面，我国可是有足够的发言权。从先秦时期开始，我们的祖先就已经发明出种类繁多的餐具，到秦汉以后基本样式就固定下来，后世只是做了局部的调整，逐步发展成为现在我们餐桌上的琳琅满目的器具。

古代饮食器皿主要有以下几种：“簋（guǐ）”，像一个大碗，主要用于盛放煮熟的饭食。簋的外形很多，通常是双耳簋、四耳簋、四足簋、圆身方座簋、三足簋等各种形式，部分簋上面还有盖子。簋后来的名称称作“敦”。“簠（fǔ）”，是一种长方形的盛放食物的器具，上有盖子，与器身形状相同，大小一样，上下对称。簠的用途与簋相同，因此古代有“簠簋对举”的说法；并且由于二者都有盖子，盖子与器身应该合为

## 粮语

从田间到餐桌，粮食在『皿』中实现了舌尖上的蜕变；从盛放到审美，『皿』因为粮食而多了份人间烟火气息。器以载道，皿以弘义，在中华文化里，很多事物不仅有人情实用价值，更有哲学审美意味。

一体，所以如果不整齐，就是不合礼仪的，古代有“簠簋不饰”的成语，比喻做官不廉正、不合规。“箪（dān）”，是竹制或苇制的，也是平民常用的食器。《论语·雍也》里有“一箪食”的记载，指的就是孔子学生颜回的饮食情况。“案”，是进食用的托盘，有四足或三足，古人进食的时候常常“举案齐眉”，借以表达彼此间的敬意。还有“豆”，是很重要的食器，后文将专门介绍。另外，古代也有盘、碗、碟等食器，与现在所用的差别不大，在此不一一列举。

食器反映了社会生产力水平，与人们的生活质量息息相关。在千百年的发展中，食器不仅仅是一种食物的载体，更上升到艺术的审美层面，与美食相映成趣，成为饮食文化不可或缺的重要部分。

# 豆

（甲骨文）

趣写古汉字

一箪食，一豆羹，得之则生。

——《孟子·告子上》（节选）

说起“豆”字，我们可以想到圆润饱满的豆粒、清凉解渴的豆浆、鲜嫩滑口的豆腐，但是严格来讲，以上所提到的“豆”，应该用“尗（shú）”或“菽（shū）”字来表示。

古代“豆”是一种器皿，用来盛黍稷等食物，后也用来盛肉酱与肉羹。甲骨文的字形非常精准地勾勒出这种器皿的形状——高足、圆腹，还有一个盖子，其实就是现在“碗”的雏形。这种器皿出现于新石器时代晚期，盛行于商周时期，多数为陶制，也有青铜制或木制涂漆的，其中用竹子编制的又称作“笾（biān）”。我们看古代很多食器都是高足的，大到鼎，小到豆，这是因为古人是跪坐的，而桌子也是较低的，高足的食器便于人们进食。

随着社会文明的不断发展，豆在使用过程中的礼制要求也越来越多，通常需要成偶数组合摆放，专用于盛置各种菜肴。由于这类食品种类繁多，所以贵族们在宴饮时用到的豆数量也很多。除了作为食器之外，豆还是一种礼器，在古代贵族举行祭祀等重要礼仪活动中使用，表明使用者的身份、等级与权力。

由于豆是容器，所以后来引申为一种容量单位。《小尔雅·广量》指

狩猎纹豆（春秋，故宫博物院）

**粮语**

豆，起初是容器，也确实能『容』。作为餐具，它容得下食物之多；作为礼器，它容得下礼仪之重；作为容量，它容得下『四掬』之大；作为重量，它容得下『一豆』之轻；作为豆类植物，它容得下菽豆之名……

出：“一手之盛谓之溢，两手谓之掬（jū），掬四谓之豆。”用一只手装的量，是“溢”；用两手捧起的量，是“掬”；“掬”四次的量，就是“豆”。

后来豆又转化为质量单位。《说苑·辨物》：“六豆为一铢，二十四铢重一两，十六两为一斤。”也就是说1“豆”相当于1/144“两”。唐代段成式写的《酉阳杂俎》里讲到一个故事：房孺的妻子崔氏，生性爱嫉妒，不让婢女浓妆艳抹，每月只给“胭脂一豆”。这“一豆”的胭脂确实是微不足道的，足见崔氏的吝啬。

大概到战国以后，“豆”常用作指代豆类植物的总称，这个含义成为了该字后来最主要的字义，原本所指的“器皿”含义反而淡化了。

## 辞书类

(东汉)许慎. 说文解字[M]. 北京：中华书局，2005.
(清)段玉裁. 说文解字注[M]. 上海：上海古籍出版社，1981.
编委会. 汉语大字典[M]. 成都：四川辞书出版社，1992.
编委会. 汉语大词典[M]. 上海：上海辞书出版社，1994.
徐中舒. 甲骨文字典[M]. 成都：四川辞书出版社，1998.
徐无闻. 甲骨篆隶大字典[M]. 成都：四川辞书出版社，2005.
中国社会科学院考古研究所. 甲骨文编[M]. 北京：中华书局，2005.
容庚. 金文编[M]. 北京：中华书局，2007.
高明，涂白奎. 古文字类编(增订本)[M]. 上海：上海古籍出版社，2008.
谷衍奎. 汉字源流字典[M]. 北京：华夏出版社，2003.
李学勤. 字源[M]. 天津：天津古籍出版社，2012.

## 专著类

(元)王祯. 农书(影印版)[M]. 北京：文渊阁，2011.
(元)忽思慧. 饮膳正要(影印版)[M]. 北京：文渊阁，2011.
(明)徐光启. 农政全书(影印版)[M]. 北京：文渊阁，2011.
(明)宋应星. 天工开物(影印版)[M]. 北京：文渊阁，2011.
(明)李时珍. 本草纲目[M]. 北京：华夏出版社，2008.
宋兆麟. 中国风俗通史(原始社会卷)[M]. 上海：上海文艺出版社，2001.
宋镇豪. 中国风俗通史(夏商卷)[M]. 上海：上海文艺出版社，2001.
左民安. 细说汉字[M]. 北京：九州出版社，2005.
蒋书红. 汉字与植物[M]. 广州：暨南大学出版社，2016.
蒋晓薇. 汉字与贸易[M]. 广州：暨南大学出版社，2015.
郭浩瑜. 汉字与交通[M]. 广州：暨南大学出版社，2015.
罗维明. 汉字与饮食[M]. 广州：暨南大学出版社，2014.
时学祥，伯平. 语林趣话1[M]. 成都：四川辞书出版社，2002.
时学祥. 语林趣话2[M]. 成都：四川辞书出版社，2003.
时学祥. 语林趣话3[M]. 成都：四川辞书出版社，2004.

王贵元. 汉字与文化［M］. 北京：中国人民大学出版社，2005.
师高民. 中国粮食史图说（文化卷、科技卷）［M］. 南京：江苏凤凰美术出版社，2015.
李建成. 中国粮食文化概说［M］. 北京：中国农业出版社，2011.
李运楼. 粮食通识教育读本［M］. 南昌：江西人民出版社，2014.
张芳. 中国古代灌溉工程技术史［M］. 太原：山西教育出版社，2009.
编委会. 中华粮仓集锦［M］. 北京：中国文联出版社，2016.
王凤玲，于邢香. 粮食经济与文化［M］. 北京：中国书籍出版社，2019.
王世贤. 古今文字学通论［M］. 北京：中国社会科学出版社，2016.

## 论文类

丁声俊. 农耕文化与粮食文化［J］. 中国粮食经济，2013（1）：63–66.
丁声俊. 粮食文化核心价值体系浅论［J］. 中国粮食经济，2013（8）：65–67.
吴成福. 论我国的粮食文化观［J］. 中国粮食经济，2011（10）：58–59.
吴成福，吴若旻. 论中国粮食文化观与国家粮食战略［J］. 农业经济，2013（1）：10–11.
师高民. 粮食文化与社会变迁之探究［J］. 河南工业大学学报：社会科学版，2014，10（3）：106–110.
霍娟娟. 从古代文献看中国古代榨油技术［J］. 四川烹饪高等专科学校学报，2011（5）：17–18.
刘光秀. 从古汉字透视我国古代农业现象［J］. 乐山师范学院学报，2008，23（1）：69–72.
张胜广. 从汉字形体及相关文献看古代的饮食制作文化［J］. 汉字文化，2006（2）：65–67.
王立军，王瑾. 汉字与古代饮食文化［J］. 中国教师，2008（10）：50–51.
林欣薇. 从汉字文化内涵论古代农耕文化［J］. 文教资料，2018（11）：54–56.
葛丽. 汉字与古代炊具文化［J］. 湖北职业技术学院学报，2017，20（1）：85–87.

# 后记　丰收的希望

每一粒种子都代表着一个丰收的希望，只要种子不瘪，希望就不会灭。这本小书就是笔者为粮食文化之林种下的一粒小种子。当它在我脑海中由一刹那的想法，变成一个试探性的题目，又延展出几套目录，再充实为解析百字的提纲，最终形成了一本小书，我见证了这粒种子一点点被孕育出来的全过程。如今，它在众人的帮助下有幸与大家见面，并且即将深入粮食文化的沃土里，我由衷地感受到生命的珍贵。这种珍贵，来源于大家对希望的守护。

山东商务职业学院作为老牌的“粮校”，有着浓郁的粮食文化氛围。这里是国家粮食和物资储备行业示范性高技能人才培训基地，这里有国家级粮食行业技能鉴定站和粮油食品检测中心，这里汇聚了一大批粮食系统的专家、工程师、技术骨干在为粮食产业提供着智力和技术支撑，这里作为国家技能人才培养突出贡献单位，一直在为全国粮食行业输送着高素质人才……在这样的深厚土壤里，我们的种子自然就有了粮食文化的基因。本书的撰写，得到了学校领导和同事的大力支持，他们给予我的鼓励和指导，让我受益匪浅、坚定信心，更为本书的成稿提供了莫大的帮助，在此向他们表示诚挚的感谢。

家人和师友是我坚持笔耕的坚强后盾，他们传授给我很多做人和治学的宝贵经验，并经常关心我、鞭策我，让我不敢懈怠。饮水思源，我对他们感激不尽。在写作过程中，我还学习借鉴了很多粮食文化领域专家学者的研究成果，他们深厚的理论功底和严谨的治学精神，都给了我极大的启发和指引，让这粒种子更加饱满。至于在文字学上为我们留下永恒经典的古代学者，以及编纂出各类古文字辞书的一大批近现代学者，作为后生晚辈的我在此向他们致以崇高的敬意！我想，即便没有能力传承和发展大师的学问，但至少也要怀着“为往圣继绝学”的抱负和希望。

更要感谢中国粮食研究培训中心主任李福君先生为本书提笔作序，我会铭记他对我的殷切鼓励与期望，在粮食文化研究的道路上持续砥砺前行。还要感谢中国书法家协会和西泠印社的著名书法篆刻家刘云鹤先生为本书题写书名，使书籍透出古朴雅致之美。我很庆幸能够通过本书与中国轻工业出版社的贾磊编辑相识，他为人谦逊和善、工作精益求精，是我敬佩的榜样。

我学识浅陋，本来并没有底气奉上此书。可我又觉得这毕竟是一粒种子，总应该先种下试试。在众人的鼓励关心下，我斗胆做了一些探索，显然，这“成果”是挂一漏万、瑕疵百出的，贻笑大方了。在此，我真心希望大家能不吝赐教，多批评指正。现在回过头看，这个写作过程对我而言是非常有意义的：我切身感受到了“深耕劳作”的充实，也体会到了“粒粒皆辛苦”的内涵，更经历了“春种、夏长、秋收、冬藏”的过程。我的感悟是，自然法则培育出粮食文化，粮食文化又折射出人生智慧。做人做事要道法自然、循理而为，保持“生长”的热情，焕发“种子的力量”，朝着“丰收的希望”，勤恳付出，耐心等待，我想，终有“五谷丰登”的那一天。

在本书最后，附上我于 2019 年撰写的《粮食赋》，向所有为粮食事业做出贡献的人们致敬！

天地初开，万物混沌。昔者先民，蒙昧求生。饥则采草木之实，猎鸟兽之肉；饱则无终岁之计，忘后顾之忧。茹毛饮血能度一时，食绝毒侵则奈若何？伟甚哉，天降神明三皇出！幸甚哉，地载厚德五谷生！后稼穑之术兴，烹饪之技盛。仓廪满实则通货，万民足食而安生。温饱无忧后礼成，国运长定且昌隆。粮为国之基，食乃民之根。浩浩华夏五千载，粒粒食粮一脉承。

粮食者，百草之可入饭者也，依圣人功而发于丛，借百代力而行于世。古者，神农尝百草，遍遇巨毒而识禾谷；伏羲取燧火，化食腥臊而众大悦；大禹治水患，平定九州而沃良田；后稷播五谷，好事农耕而民皆法。圣人亦制耒耜而教民用，又相地宜而率众作。经年累月，躬耕面黄，于是嘉谷春生夏茂，秋收冬藏。万民孜孜不倦，粮食生生不息，其擢自圣人而传至今者，有稻粱菽麦黍稷尔。粮食之所出，乃天地精华也，人视如宝矣！

民以食为天，人无粮不活。古往今来，贤君皆重农贵粟，凡事务不夺农时，此大智也。夫农事，生之者地，养之者天，为之者人。人奋其志而笃其心，劳其体而尽其力。察天象，识物变，定节气，应乎农。育田培种，精耕细作；牛犁车播，水溉肥施。审时而动禾有生，顺势而为谷遂成。丰则民悦，载重而归。舂之于臼，簸其秕糠；扬之于风，获其籽实；施之于磨，碾其屑末；过之于筛，虑其面粉。后入鼎鬲釜甑而待熟，又经烹蒸煎熬而成饭。民食而乐，饱而足；家无饥馁，野无饿殍。粮食之所用，系命脉要事也，惠泽甚远矣！

政以农为首，粮足而国强。大道流行，事有不测。农有大患，人不可择：若滔天洪水、裂地大旱、遮天蝗袭、蔽日山火、卷草狂风、掷地冰雹者，凡遇其一，轻则歉收，重则绝产。如至民不聊生、军无粮草，则国危矣！故天下大计以储谷备荒为要，万民之生以赈灾济贫为保。仓廪窖穴点点积，霉火潮虫时时惕。量入为出而食陈储新，民有余粮则淡然不慌。若逢盛世，国泰民富，粮食亦可贸百货。定斗量，平权衡；设集铺，聚商贾。驭车马，乘舟楫；

达南北，连东西。市无欺罔则民惠，盈缺互补则物丰。粮食之所利，保社稷稳固也，政通邦宁矣！

盖粮之有灵，食而有道；察诸取譬，遂明大义。望禾之生，遵其本性，乱求不得，贵在能顺；冀谷至丰，须经春秋，惰则无果，贵在能勤；脱糠成粒，去芜存菁，怠后有杂，贵在能精；破米为粉，千碾万磨，急而留粗，贵在能细。此制粮之技艺，而启人之哲思也。揉面成饼，酿粟为酒，榨谷出油，贵在能新；酸甜适中，咸淡相宜，色香清雅，贵在能和；思农之苦，防患未然，克省己行，贵在能俭；起坐循礼，进食遵规，长幼有序，贵在能敬。此饮食之习俗，而发人之义理也。至若五谷丰登而拜社稷，逢年过节而祭谷神，烹鲜做饭而喻治国，宴饮餮食而明礼节，此举国之通识常理、上下之约定俗成也。粮食之所化，至修身达理也，君仁民贤矣！

物换星移，岁月如歌，国运跌宕，粮食可证。泱泱古国，人杰地灵，灿烂文明，千古彪炳。及至近代，见辱外敌，民生凋敝，国将不济。经万般磨难而终平天下，建独立大国而开新纪元。待生产恢复，经济渐苏，又正本清源，突破束缚。锐意更新而重首创，改革开放而务实践。自此历四十载，制度立、市场通，产业隆、企业兴，价格稳、技术精。今至新时代，中华强国梦启；贯彻新理念，民族复兴在即。踏上新征程，普建小康社会；践行新思想，兴粮造福民生。粮安天下，警钟长鸣；立足国内，保持稳定。两手并用，持续发展；善用资源，国际共赢。狠抓关键，做大实体；广育人才，科技托擎。粮食之所向，碗在己手中也，国强民富矣！

辞曰：天诞嘉种，地养水土，人施其能。三才合力而粮食出，保万民福康；古今同心而文明传，开百代圣象！

崔志远　于山东烟台

2019年9月

## 图书在版编目（CIP）数据

解字说粮：汉字中的粮食文化 / 崔志远著 . — 北京：中国轻工业出版社，2024.10

山东商务职业学院粮食文化书系

ISBN 978-7-5184-2629-4

Ⅰ . ①解… Ⅱ . ①崔… Ⅲ . ①汉字 — 文化研究②粮食 — 文化 — 中国 Ⅳ . ① H12 ② S37

中国版本图书馆CIP数据核字（2019）第185985号

责任编辑：贾　磊　　责任终审：李克力　　设计制作：锋尚设计
策划编辑：贾　磊　　责任校对：吴大朋　　责任监印：张　可

出版发行：中国轻工业出版社（北京鲁谷东街5号，邮编：100040）
印　　刷：三河市国英印务有限公司
经　　销：各地新华书店
版　　次：2024年10月第1版第4次印刷
开　　本：720×1000　1/16　印张：14
字　　数：270千字
书　　号：ISBN 978-7-5184-2629-4　定价：39.00元
邮购电话：010-85119873
发行电话：010-85119832　010-85119912
网　　址：http://www.chlip.com.cn
Email：club@chlip.com.cn



241711W2C104ZBW